淡水微型水生动物学

母伟杰　编著

中国海洋大学出版社
·青岛·

图书在版编目（CIP）数据

淡水微型水生动物学 / 母伟杰编著. -- 青岛：中国
海洋大学出版社，2024. 6. -- ISBN 978-7-5670-3903-2

Ⅰ. Q958. 8

中国国家版本馆 CIP 数据核字第 20242N4T90 号

出版发行	中国海洋大学出版社
社　　址	青岛市香港东路23号　　　邮政编码　266071
网　　址	http：//pub.ouc.edu.cn
出 版 人	刘文菁
责任编辑	丁玉霞
电　　话	0532-85901040
电子信箱	qdjndingyuxia@163.com
印　　制	青岛国彩印刷股份有限公司
版　　次	2024 年 6 月第 1 版
印　　次	2024 年 6 月第 1 次印刷
成品尺寸	170 mm × 230 mm
印　　张	11.75
字　　数	170千
印　　数	1-1000
定　　价	39.80 元
订购电话	0532-82032573（传真）

前言
QIANYAN

　　微型水生动物指的是生存在淡水环境中的微小水生动物群体，包括原生动物、轮虫、枝角类和桡足类等动物。这些微小的生物在淡水生态系统中扮演着关键的角色。作为食物链的重要一环，它们在分解有机物、循环养分和维持水体水质方面发挥作用，影响着整个生态系统的稳定。

　　本教材可以作为高等院校生物学、水产养殖学、水生生物学、生态学和环境工程相关专业的教材，还可作为相关科研工作者的参考书。目前，关于水生生物学书籍（教材），有赵文《水生生物学》第2版（中国农业出版社，2015）、孙成渤《水生生物学》第2版（中国农业出版社，2014）、刘建康《高级水生生物学》（科学出版社，1999）、王和蔼《水生生物学》（中国农业出版社，2002）和王丽卿《水生生物学实验指导》（科学出版社，2014）。本教材在参考上述著作的基础上，将原生动物章节根据新的分类系统进行了全面修订，增补了大量浮游原生动物的典型代表的描述、线条和染色图，有利于教学学习和种类鉴定工作。此外，本教材在轮虫和枝角类章节提供了一些图片（主要结构示意图和代表动物光镜图），还提供了一些淡水微型水生动物的基础研究方法，可为有关微型水生动物的实验教学和科研工作提供一定参考。

　　全书共分五章，主要介绍了原生动物、轮虫、枝角类和桡足类的主要特点、典型代表动物和实验研究方法。第一章介绍了淡水微型水生动物的生境、定义和内容以及研究现状。第二章介绍了原生动物的主要特征、典型代表动物和实验研究方法。第三章介绍了轮虫的主要特征、典型代表动物和实验研究方法。第四章介绍了枝角类的主要特征、典型代表动物和实验研究方法。第五章介绍了桡足类的主要特征、典型代表动物和实验研究方法。

本教材由哈尔滨师范大学高等教育教学改革研究项目（XJGY2020033）资助。本教材在编写过程中尽力贯彻"提高教材知识的创新性"原则，体现"为高等教育培养拔尖创新型人才"的精神。在撰写初期，得到了大连海洋大学赵文教授对此书稿提出的宝贵意见，撰写过程中得到了哈尔滨师范大学潘旭明教授对于原生动物章节架构和内容提供的大量修改建议。在此一并表示感谢。

微型水生动物的研究内容丰富，研究方法多样。由于水平有限，书中难免出现错误和不足，恳请广大读者批评指正。

目录
MULU

第一章　绪论

在淡水中发现的微型动物种类繁多，几乎代表了微型动物所有的门。为了解它们在水生生态系统中的功能作用，我们必须了解其形态特征、内部结构、种类特征、生态学意义和研究现状等，同时也应该了解它们的生长、繁殖、食物获取方式、捕食者－猎物相互作用和环境耐受性等。本书以原生动物、轮虫、枝角类和桡足类等淡水微型水生动物为主要代表，介绍其主要特征、外部形态和内部结构，淡水典型种类特征，研究应用价值，以及实验内容，可为微型水生动物的授课和科学研究提供参考。

气候变化、流域和河道改造、水污染以及外来物种引入频繁发生，了解淡水水域微型水生动物的栖息地需求和生态至关重要。气候变化导致更多极端自然灾害如洪水和干旱频发，浅水和深水栖息地的数量可能会变化，从而对生物多样性和水生栖息地的基本生态功能产生负面影响。此外，土地利用的变化极大地影响了流域，对生物多样性和关键生态系统过程产生了影响。这些栖息地的变化改变了群落丰度，并导致一些物种灭绝。物种丧失会导致生态系统功能发生强烈的改变。大多数淡水无脊椎动物聚集在水生生态系统的浅光带内，如河流、湖泊、淡水湿地、小池塘和小溪是其非常重要的生境。

第一节　淡水微型水生动物的生境

一、河流

河流通常比湖泊的水流更加湍急，而湍流通常会维持高氧浓度，减少流内温差，并使浮游生物和悬浮或溶解的营养物质分布更均匀。与湖泊生态系统相比，一些河流中的温度波动幅度较小，流水生境往往具有更多的异质性。河流生态系统内的生物群落，特别是在河流有大量树冠覆盖的地区栖息的无脊椎动物更多地依赖于来自河岸带的外来有机物质，而不是原生生态系统。

二、湖泊

湖泊对于水生生物很重要，它们提供了丰富的生态环境，对维持生物多样性和生态平衡至关重要。大多数自然和人工建造的湖泊平均深度都小于20 m。大多数湖泊在地质上都很年轻，自然湖泊可以追溯到上个冰河时期，而人工湖泊则可以追溯到20世纪。从营养的角度将湖泊大致分为超贫营养、贫营养、中营养、富营养和超营养等类型，湖泊的透明度可从大于12 m降至小于1.5 m，甚至几厘米。透明度好的湖泊富营养化程度低。主要基于离湖岸的距离、光线穿透和温度变化，湖泊生态系统可分为几个水层带。光区向下延伸至1%光穿透深度为真光层，所有初级生产者和大多数异养动物都生活在这一区域。沿岸带、浮游带和底栖带共同构成了湖泊生态系统的多样性。湖与陆地的交接处称沿岸带（littoral zone）（图1-1），这里水往往较浅。向湖心延伸，便是以敞和深为特征的浮游带（pelagic zone）。底泥与水的界面，为深水区，温暖的阳光照不进来，往往缺氧，称为底栖带（benthic zone）。

三、淡水湿地

淡水湿地指介于陆地生态系统和水生生态系统之间的生态系统。该系统中，生物群落由水生和陆生种类组成，物质循环、能量流动和物种迁移与演变活跃。由于淡水湿地通常比其他生态系统更短暂且脆弱，因此其生物群落受到水文周期的影响强烈。湿地无脊椎动物受到生态系统可持续性、季节性干燥气候以及营养和光照限制的影响。淡水湿地生物群落的性质也反映了开放水域的体积和深度、水流速度和捕食者的类型。例如，鱼类的存在完全改变了湿地中甲壳类动物的群落结构。

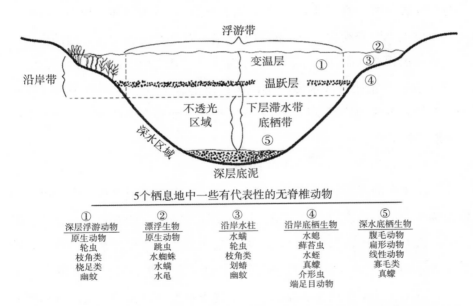

示湖泊内的生物和非生物区域，以及在这些区域内发现的一些代表性淡水无脊椎动物。

图1-1　水环境栖息地中一些代表性的无脊椎动物

（引自Thorp和Covich，2010）

第二节　淡水微型水生动物的定义和内容

　　淡水微型水生动物主要包括微型水生浮游动物、微型周丛生动物和底栖动物的所有真核微型动物。

一、微型水生浮游动物

　　微型水生浮游动物指微型浮游生物群落中的异养类群。在淡水中，主要有四大类浮游动物，即异养原生动物、轮虫、枝角类和桡足类。此外，一些介形虫、腔肠动物、吸虫的幼虫、螨虫及某些昆虫和鱼类的幼虫阶段偶尔也会出现在浮游动物中，但是浮游阶段只是它们生命周期的一部分。与海洋栖息地相比，淡水中浮游动物群落的种类代表性和物种多样性较差，即使是古代湖泊所支持的浮游动物群落的物种多样性也远不如海水中的浮游动物丰富。

　　浮游动物通常可在两个不同的栖息地（开放水域和沿岸区）中茁壮成长。淡水中的浮游动物群落构成了一个较为多样化的生物组合，以大多数无脊椎动物为代表。一般来说，浮游动物在初级生产者和更高级捕食者之间的营养联系中占据中心地位。浮游动物以浮游植物和细菌为食，有助于改善水质，对水生环境的物理、化学和生物特性的变化做出反应。因此，浮游动物是水体理化状况的良好生物指示生物，在评价水体营养状况中起着关键作用。浮游动物是悬浮食性动物，有时被认为是捕食者，这一特性使它们被视为水生生态系统的调节器，可通过有机物质的循环和养殖调节藻类和微生物的生产力。水体中浮游动物的分布和多样性受到水体物理和化学性质的影响，同时也受到生物因素的影响，如摄食生态和捕食者压力。水体环境条件的变化，如温度、盐度等非生物因素以及物种相互作用、营养条件、寄生虫和捕食者等生物因素都调节着浮游动物群落的丰度和多样性。

二、微型水生周丛生动物

微型水生周丛生动物，或称附生水生生物，生长于淹没水中的各种基底（沉水植物、木桩、石头等）表面。这些生物主要见于浅水，主要营固着生活。

三、微型水生底栖动物

微型水生底栖动物指的是生活在水体底部或底栖介质（比如泥沙、砂石等）中的微小水生动物。这些动物通常包括各种微生物、微小的底栖无脊椎动物和其他微型生物。底栖微型动物具有易于采样、所用采样设备价格低廉等优点，加之微型底栖动物本身具有位移少、可显示局部污染、耐受性强，并且易于鉴定到"科"分类阶元等优点，因此被广泛用于水生生态系统生物评价中。

第三节　淡水微型水生动物的研究现状

一、分类学

在微型动物的分类和多样性研究上，已有大量论文，还出版了许多分类学专著，如王家楫的《中国淡水轮虫志》（科学出版社，1961），蒋燮治、堵南山的《中国动物志　淡水枝角类》（科学出版社，1979），沈嘉瑞等的《中国动物志　淡水桡足类》（科学出版社，1979），张武昌等的《中国海浮游桡足类图谱》第2版（科学出版社，2019），沈韫芬等的《原生动物学》（科学出版社，1999），宋微波等的《中国黄渤海的自由生纤毛虫》（科学出版社，2009），周凤霞等的《淡水微型生物与底栖动物图谱》（化学工业出版社，2011），为我国微型动物的研究提供了大量的信息。

二、微型水生动物用于多样性调查和生物监测

影响淡水微型水生动物的环境因素主要有温度、叶绿素a、盐度、pH、总氮、总磷、溶解氧、浊度和水深等。

（1）温度。温度对淡水水生动物的生长、发育和繁殖至关重要，对淡水水生动物群落结构有影响。淡水水生动物对温度存在一定耐受范围。根据对温度偏好的差异，一般分为广温性、嗜寒性和嗜暖性。绝大多数淡水水生动物为广温性种类。在同一水体中，轮虫群落结构会随着温度的上升而发生变化。夏季温度升高，捕食者繁殖速率加快，伴随而来的高捕食压力会影响轮虫群落结构。

（2）叶绿素a。叶绿素a是湖泊常用的水质敏感指标。轮虫的聚集程度可能取决于食物（如细菌、藻类和其他微型生物）的浓度，叶绿素a与浮游植物数量正相关。轮虫密度的变化以及物种组成与食物中的叶绿素a密切相关。通常情况下，叶绿素a与轮虫密度和生物量呈显著的正相关关系。

（3）盐度。盐度可以显著影响微型水生动物的生命周期、种群属性和群落结构。一般来说，与淡水池塘相比，盐碱地池塘的浮游生物生物量较低，种类组成较为简单。较低的盐度或较高的盐度都可能会阻碍剑水蚤的繁殖。大量研究报道，较高的盐度会影响桡足类的发育期和繁殖能力。有些轮虫种类在盐度2～50范围内均能生长并进行繁殖，但是有最佳的繁殖盐度。盐度对不同轮虫种类生长和繁殖的影响，仍需要开展大量的基础研究。

　　生物多样性监测是诊断环境污染对生态系统影响和制订保护计划的第一步，也是至关重要的一步。生物多样性监测是表征生物多样性的关键，可用于评估生态系统的生态状况、环境污染及检测入侵物种的存在等。虽然水和沉积物的化学分析是评估水环境污染状况常用的也是最直接的方法，但是往往污染物的实际毒性水平及其在生态系统中的综合影响不能通过这种方法揭示。因为某些有毒物质能以低于可检测限度的浓度分散到水环境中，被生物体吸收和积累。此外，这些污染物在复杂的自然生态系统中的转移和积累情况很难评估。因此，通过采用生物监测等方法研究污染对生态系统的有害影响是重要并且是有效的。水生群落被认为是良好的生物监测指标。生物监测是水资源管理和保护的一个重要组成部分。我国于1986年颁布的《环境监测技术规范　生物监测（水环境）部分》规定了生物监测的基本任务，国家环境保护局于1993年组织编写了《水生生物监测手册》。

　　环境DNA（eDNA）技术是发展最快的生物监测技术，其具备的两个关键特征是时间效率高和灵敏度高。科学技术的进步使得在物种和群落水平上快速检测生物多样性的准确性越来越高。水体（包括内陆、海洋和河口生态系统等），是水生生物生活环境的主要单位，约占地球表面的71%，承载着世界上绝大多数的生物。水既是生物群落的媒介和载体，也是污染物的载体，因此，各国一直致力于开发和改进水生生物群系的生物监测工具。然而，直到19世纪下半叶，水生生物监测才被确定和巩固为一门既定的科学，尤其是Forbes（1887）提出了生物群落的概念，极大地推动了生物监测技术研发进程。一些监测程序由于其可靠性高，在获得特定生境或生态系统中的生物多样性信息方面得到了广泛应用。水生eDNA预测序工作有7个关键组成部分：① 水样，② 保存（DNA前收集），③ DNA收集（即过滤），④ 保存（DNA后收集），⑤ DNA提取，⑥ 阴性对照，⑦ PCR引物。eDNA的发展提供了一种生态和生物多样性监测的新手段，它基于生物体在环境中释放的DNA，通过采集水样中的eDNA，使用高通量测序技术对DNA进行分析和识别，可获得更为全面和客观的生物多样性信息，从而实现对生物多样性的快速调查。

三、微型水生动物用作生物饵料

淡水轮虫、枝角类和桡足类是淡水鱼类及无脊椎动物的天然饵料，是具有很大开发价值的小型无脊椎动物。

轮虫营养丰富、适口性强、繁殖迅速、易于培养，自1960年发现褶皱臂尾轮虫（*Brachionus plicatilis*）是海水鱼类育苗的活饵料以来，轮虫作为重要开口饵料在生产中被广泛应用，一直是水产动物育苗生产中被大量培养的主要生物饵料之一。海洋轮虫可在淡水中存活至少2小时，已被用来喂养罗非鱼、鲟鱼以及日本观赏鲤鱼和鲫鱼的苗种。然而，海洋轮虫沉到水底的速度很快，不适合喂养淡水鱼。因此，以萼花臂尾轮虫（*Brachionus calyciflorus*）为代表的淡水轮虫在淡水观赏鱼的幼体养殖中具有较好的应用潜力。迄今为止，淡水轮虫通常被用作观赏鱼和一些淡水鱼的饵料，如珍珠马甲鱼、淡水鲈鱼和鲟鱼等。

枝角类的肠道中蛋白质含量高，其消化酶含有肽酶、蛋白酶、脂肪酶和淀粉酶，这些酶可以在仔鱼、稚鱼和幼鱼的肠道中充当外泌酶。枝角类是大多数鱼类苗种饵料的首选，并作为仔鱼、稚鱼和幼鱼的食物。对于许多观赏鱼和对虾幼苗来说，枝角类是有吸引力的食物。枝角类中裸腹溞属的培育操作简单，易于繁殖，营养价值高，环境适应性好，适合作为水产养殖用饵料。裸腹溞属由于寿命短、能量储存丰富、体形小、胚胎期短，因此也被认为是一类喂养仔鱼和幼鱼的良好生物。由于丰年虾价格昂贵，因此裸腹溞属可以代替它们作为饲喂鱼苗的合适生物，且裸腹溞属极容易在淡水中培养。有研究报道，裸腹溞属对鲫鱼鱼苗的平均增重效果最好。可以单独使用裸腹溞属，也可以与丰年虾联合使用饲喂罗氏沼虾，对产量没有任何不利影响。

　　自20世纪80年代以来，人们对在水产养殖中使用桡足类动物的关注日益增长。桡足类是大多数海洋鱼类苗种首选的天然食物，通常是其饮食结构的主要组成部分。桡足类不仅具有满足幼鱼需求的营养成分，其消化酶含量也高，能够对鱼苗产生食欲刺激作用。因此，人们普遍认为桡足类在鱼苗培育方面优于轮虫和丰年虾。然而，由于其集约化养殖的困难，商业鱼苗孵化场对桡足类的使用仍然有限。淡水中使用桡足类作为鱼类饵料的研究十分匮乏。随着近年来桡足类养殖技术的提高，桡足类将越来越多地用于淡水鱼养殖，特别是淡水观赏鱼。

思考题

　　（1）微型水生浮游动物、微型周丛生动物和微型底栖动物通常指什么？

　　（2）影响淡水微型水生动物的环境因素主要有哪些？

　　（3）水生eDNA预测序工作有哪些关键组成部分？

　　（4）哪些微型水生动物可以用于饵料？

　　（5）轮虫、枝角类和桡足类用作生物饵料的优势有哪些？

第二章　原生动物

　　原生动物（原生动物门动物的统称）是一类极小型、结构简单的无脊椎动物，也是最原始的多细胞动物之一。原生动物的主要特征：无组织结构，细胞结构相对简单，通常由一层细胞构成，没有真正的组织或器官；大多数原生动物辐射对称或双轴对称，辐射对称的代表是辐虫纲，双轴对称的代表是扁盘纲等；大多数原生动物没有固定的体腔。大多数原生动物的生活史相对简单，没有复杂的生活史阶段；消化系统比较简单，通常只有一个口，一个或几个消化囊；神经系统相对简单，通常由网状神经组织或类似结构组成；多数生活在水中，有些也寄生在其他生物体内。

　　纤毛虫作为原生动物中最高等、多样性及结构特化程度最高的类群，其形态分类学（建立在现代技术和观念基础上的）已成为许多热点学科（如细胞分化与反分化、纤毛虫表型与基因型进化耦合关系、真核生物的进化与演化、共生关系的拟合、生物多样性、微食物网中的能量动力学、环境保护与监测、养殖病害学等）研究的重要基石（沈韫芬等，1999；顾福康，1991；宋微波等，1999）。

第一节　淡水原生动物特征

　　原生动物是一类最复杂、最高等、非自养的单细胞真核生物，分布广泛，生境包括淡水、海洋和土壤，甚至极地与高盐地区，生殖方式为二分裂及接合生殖。可基于上述特征区别于其他真核生物。纤毛虫的种类繁多，以水体中的营养物质、细菌为食，在生态系统中充当初级分解者，是生物微食物网的重要组成部分，在生态系统的物质循环和能量流动中发挥着重要作用。其个体较小、虫体敏感、数量大、分布广、比表面积大、种类繁多而复杂、易受环境变化的影响，故而作为环境变化的指示生物。与理化指标评价相比，其具有直观、快速、廉价、灵敏性高等特点。此外，纤毛虫在真核生物起源与进化、水生生态系统与物种多样性及水产疾病的防治与渔业生产等方面有着重要意义（沈韫芬1965，王家楫1977）。四膜虫（*Tetrahymena*）等纤毛虫作为模式生物极大地推动了现代分子生物学的发展（沈韫芬等，1999；Song等，2002）。因此，对纤毛虫等原生动物的研究始终是当今国际上广义动物学研究领域的热点之一。淡水原生动物在富营养化水体中极易繁殖，易造成水体环境急剧恶化，亦可寄生于贝类外套腔，鱼类的体表、心脏、血液和脑等器官和组织，从而对水产养殖及育苗水体构成直接或间接危害（徐奎栋等，1999；张邵丽等，2001）。由于纤毛虫个体普遍较小甚至极小、活体形态相近，大部分种类的鉴定严重依赖银染后得到的纤毛图式及银线系等特征，故该类群长期以来在种类鉴定和类群划分等方面存在大量混乱和错误（Kahl，1931；Borror，1963；Thompson，1963，1964，1965；Grolière，1974）。自20世纪70年代以来，银染技术的问世和兴起，使得人们对该类群的认识有了前所未有的拓展；90年代起，基于现代分类学标准的系统化研究逐渐展开，代表性工作为宋微波院士团队二十几年来对中国渤海、黄海及南海水域纤毛虫原生动物进行的全面且系统的调查。该工作在很大程度上厘清、纠正该类群分类错误的同时，报道了大量新阶元（Song，2000；Song等，2002；Wang等，2008a，2008b；Fan等，2010，2011a；Pan等，2011，2013d，2014）。而大量新阶元的出现不但丰富了原生动物的生物多样性，也突显出对原生动物做进一步研究的重要性。

一、淡水纤毛虫分类学研究背景

原生动物中结构最复杂的类群是纤毛虫，因此纤毛虫的分类学是原生动物分类中专业性最强、最复杂的部分。纤毛虫分类系统的研究已有300多年的历史。纤毛虫的研究始于17世纪后期，荷兰学者列文虎克（Antony van Leeuwenhoek）用自制的显微镜首次发现了这一类分布广泛但肉眼不可见的单细胞生物。纤毛虫个体微小、形态相似、种类繁多，对研究手段有高的要求，这导致纤毛虫分类学的研究进展很慢。早期的研究方式即为简单的形态学观察（虫体大小、颜色等）。随着时代的进步，大量物种相继被发现，传统的研究方式已现不足，不能够精确区分各种群。银染技术、电子显微镜的出现推动了纤毛虫研究的进展。而仅用形态学研究进行分类具有很大的局限性，尤其是不能忽视趋同进化引起的形态学相似、实则亲缘关系很远的种群，在种类鉴定和类群划分上留下了大量错误和混乱，需要重新鉴别及鉴定。

现在，国际上普遍认为，对纤毛虫的早期研究可分成2个重要的发展阶段：

1880—1950年（早期发现阶段）：主要通过光学显微镜观察活体，根据是否具口纤毛与体纤毛及其特点来进行分类研究。早期著名的研究者Otto Bütschli（1848—1920）将纤毛虫（Infusoria）列为2个亚纲：

Ciliata和Suctoria。Ciliata亚纲又根据口器的不同划分2个目：Holotricha和Spirotricha。外形比较特殊的吸管虫被归入Suctoria亚纲。另一位学者Alfred Kahl（1877—1946）可谓纤毛虫早期研究的集大成者，其经典的著作 *Wimpertiere oder Ciliata*，包括了截至20世纪30年代发现的各类自由生活的类群，并附高度可信的、详细的活体观察描述。该著作描述了当时已知的3000多种纤毛虫，为这一时期的主要代表作。

　　1950—1970年（纤毛图式阶段）：纤毛虫皮层表面具大量的嗜银颗粒，经一定的药品热处理后，嗜银颗粒可以和银染试剂结合而出现显色反应。1929年，Klein发明干银法；1930年，Chatton和Lwoff开发湿银法。这两种方法主要用来揭示纤毛虫纤毛图式以及银线系（Chatton等，1930）。1937年，蛋白银染色法第一次应用到原生动物研究中。蛋白银染色法虽然不能显示银线系，但可以清楚地显示虫体的皮层及内部结构，如纤毛下器、毛基体、核器及各种表膜下纤维系统等。该法经过Wilbert等（1975）的进一步改进后，已经成为纤毛虫形态学研究中极为重要的研究方法之一。20世纪60年代，出现分子标记技术，进而建立分子系统发育学，分子生物学技术和生物信息数据处理技术在问世后快速发展，使分子系统发育学在研究生物亲缘关系、起源与进化等方面得到了广泛应用。纤毛虫分子系统发育学由此诞生，推动了在分子水平上探讨纤毛虫的系统发育学的发展（Lynn，2008）。20世纪80年代，纤毛虫的分类学和系统学研究引入了分析比较核酸和蛋白质的技术手段，从分子水平上反映纤毛虫物种多样性和生物进化关系。分子系统学研究中，由于核糖体小亚基基因（18s rDNA）具有保守性好、信息量大、长度适宜的特性，已广泛应用于各类纤毛虫分类、进化方面的研究。

　　国际上，在原生动物形态学研究早期，Borror、Corliss、Dragesco等多位学者对欧美等地区的不同生境下纤毛虫原生动物分类和区系展开了大量调查。20世纪八九十年代以来，以Foissner（1979、1980、1981、1982、

1984、1985、1987、1996）为代表的研究团队对世界范围内原生动物纤毛虫进行了较详细和系统的形态分类研究。21世纪后，Lynn、Small（1985、2002、2008）等学者基于形态发生学和分子生物学等对纤毛虫分类系统不断进行了修订。目前国际上有关纤毛虫的分类存在多个系统，以Corliss（1979）和Lynn（2008）系统为主。近年来，伴随着纤毛虫分类调查研究的广泛开展，越来越多的新种被报道、已知种被重描述。

在我国，淡水原生动物的研究已有上百年历史，然而当时技术的缺陷为分类学研究的开展带来了巨大阻碍，导致进展相对缓慢。尽管如此，仍有可敬的研究者致力于此方面的研究，推动了我国淡水原生动物研究的发展。1963年至今，史新柏先生一直从事淡水纤毛虫的相关研究，包括草履虫和棘尾虫，并在纤毛虫显微技术和生殖等方面开展深入研究。1973—1976年，王家楫对西藏高原部分地区的原生动物进行调查，采集大量标本，共描述纤毛虫288种。宁应之等（1987）在兰州采集水样，调查并报道淡水原生动物共103种，包括多种多膜纲和寡膜纲纤毛虫；Sergei I. Fokin等（2004）对采自中国的一草履虫新种进行形态学和系统学描述，并对草履虫的系统地位进行探讨。宁应之等（2013）于甘肃高原沼泽湿地鉴定出3纲11目34科53属157种纤毛虫，其中包括1个新种、24个未定名种、4个国内新记录种。同年，宁应之等（2013）对甘肃甘南高原沼泽湿地夏季纤毛虫的群落特征进行了研究，并鉴定到纤毛虫204种，隶属于3纲13目40科68属，其中包括3个国内新记录种和38个未定名种。宁应之（2014）对甘肃甘南高原沼泽湿地纤毛虫群落特征进行研究，共鉴定出142种纤毛虫，隶属于3纲12目35科60属，并发现纤毛虫群落构成具有较大的空间异质性。2014年，巴桑等人探讨了拉鲁湿地纤毛虫群落特征及其与水环境的关系。袁齐涛（2015）报道了巴嘎雪湿地水生纤毛虫的物种组成、分布以及它们的群落结构特征与水环境关系，共鉴定到纤毛虫37种，隶属于3纲10目26科27属。姜传奇等（2020）对采自西藏温泉的寡膜纲咽膜类纤毛虫进行了形态学及系统学研究。2015—2020年，哈尔滨师范大学潘旭明团队对松花江流域百种淡水原生动物的分类学开展了细致的研究，发现了20余个新种。

二、淡水浮游原生动物的普遍形态和主要特征

淡水浮游原生动物是淡水生态系统的重要组成部分。它们通常是微小的无脊椎动物，在淡水环境中漂浮生活。图2-1为淡水纤毛虫原生动物的一般形态。以下是淡水浮游原生动物的主要特征：

（1）体形微小：淡水浮游原生动物体形各异，通常较小，少数种类体长只有几微米，因此需要借助显微镜观察其结构。

（2）单细胞结构：淡水浮游原生动物均为单细胞，结构相对复杂，具有鞭毛、纤毛等辅助运动的结构。图2-2为结构复杂的种类，如纤毛虫，体纤毛全身遍布，以单或双动基系为主，毛基粒有时局部稀疏；部分种类具伸缩泡和收集管，具1或多根尾纤毛。口区形态多变。大核和小核均为1至多个。

（3）形态多样：淡水浮游原生动物包括各种不同形态的生物，如鞭毛虫、球虫、草履虫等，它们形态多样且适应性强。

（4）食性复杂：淡水浮游原生动物主要以浮游植物、细菌、其他微生物以及有机碎屑为食，是淡水食物链的重要环节。

（5）生态环境中物质和能量的重要枢纽：淡水浮游原生动物对淡水生态系统具有重要的生态影响，参与养分循环过程。

（6）对环境敏感：由于体形微小且生活在水体中，淡水浮游原生动物对环境的变化非常敏感，因此常被用来作为水质评估的指标之一。

淡水浮游原生动物虽小，却在淡水生态系统中扮演着重要的角色，对维持水体生态平衡和养分循环起着至关重要的作用。

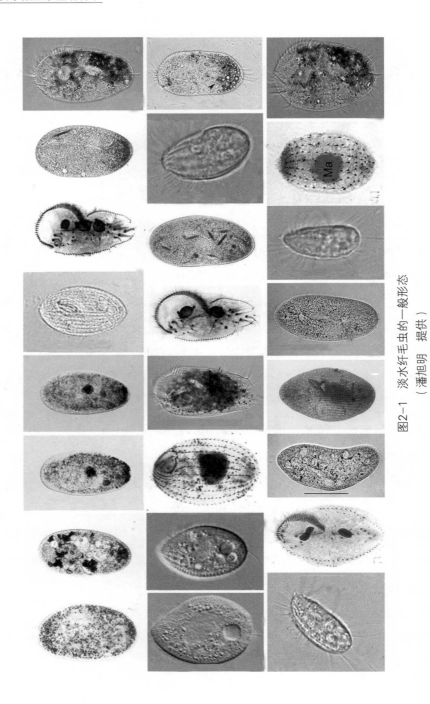

图2-1 淡水纤毛虫的一般形态
（潘旭明 提供）

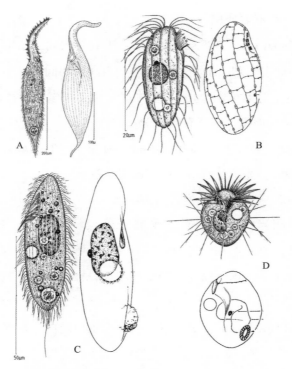

A. 钩刺类纤毛虫；B、C. 盾纤类纤毛虫；D. 中缢虫。

图2-2　淡水纤毛虫常见类群
（宋微波　提供）

三、术语

本书涉及的术语参照Lynn（2008）释义。英文词及图注中所采用的缩写备注于括号内。

皮层（cortex）：广义上指原生动物的外表部分或外层，有时指细胞外膜层。在纤毛虫中，它包括表膜、纤毛及广义的纤毛下结构。皮层上的各类开口、脊、表膜泡、具有纤毛的基体和附属微管等构成了具有种类特异性的皮层模式。

表膜（pellicle）：皮层外侧的"活性"区域，位于非活性的细胞质衍生物之下。包括质膜（细胞膜）和单位膜构成的表膜泡，还通常包括与膜下紧密联系的纤维状表质层。

毛基体（kinetosome或basal body）：中心粒的同源结构，在表膜下垂直于细胞表面所向内发出的圆柱体，包含9组间隔相同的、扭曲的三联体微管，为鞭毛或纤毛的生发基础。最典型的大小为1.2 μm长，直径0.25～0.3 μm。其远端产生纤毛（但不一定长有纤毛）。

口区（buccal area）：具有口器的、围绕胞口的区域。该词常与oral area混用，但后者更笼统，所指范围可能更宽泛。

口腔（buccal cavity）：位于虫体腹面的一个较深的凹陷内，常接近前端。通常有相当深度，但有时平展或外翻。包含口复动基系或复合纤毛器的基部，通向胞口-胞咽系统，有时要经由自身特化形成的漏斗（infundibulum）。常用于描述寡膜纲纤毛虫，被认为是异毛类和旋唇类的围口部的对等结构。

口肋（oral rib，OR）：寡膜纲某些纤毛虫口腔内非裸露的壁上所具有的嗜银染的表膜脊突。在超微结构观察中可以看出它们与位于右侧的口侧膜的动基系相联系。具有口肋的口腔右侧壁称肋状壁（ribbed wall）。

口器（buccal apparatus）：指位于口区的所有口复动基系或复合纤毛器。包括口侧膜、广义的口区小膜和它们的表膜下附属结构以及围口纤毛器。整个器官的功能主要为取食，偶尔用于运动。

胞口（cytostome）：细胞的口，包括真正的口及口部开孔。它是一个二维结构，食物通过它进入机体的胞质（经由一明显或不明显的胞咽，胞咽紧接胞口以内）。它可能直接开口于外界，也可能存在于口区的凹陷内（如口前腔、口腔或前庭腔、围口腔）。

小膜（membranelle，M）：构成连续排列的围口区纤毛复合器或其中的一个基本单元，可以用来取食或收集食物。

咽膜（peniculus，P）：纤毛小膜的一种或口区多动基系的特殊形式，围绕在某些咽膜类纤毛虫（如草履虫）口腔的左壁上，长带状基体着生融合为膜的较短纤毛。在宽度上通常为3～7列毛基体（多者可达11列毛基体），两端渐狭。

口侧膜（paroral membrane，PM）：属于口纤毛器范围，与摄食有关。本术语有时用得较宽泛，具有如下基本结构特征：毛基体呈锯齿状排列，为一单一结构并具有特殊的起源，位于口腔右侧。

前庭纤毛列（ophryokinety，OPK）：1或多列体纤毛列样纤毛列，一般包含诸多1个双动基系和1个侧体囊组成的结构单位，位于腹面靠前端，在口腔的右侧，是广义口纤毛器的一部分，因而被认为是围口纤毛器的一种。在咽膜类纤毛虫中，该结构在发生上可能源于口原基。该结构曾在诸多种类描述文献中被不恰当地称为前庭纤毛列或围口纤毛列。

咽微纤丝（nematodesma，Nd）：平行的微管所构成的双折射束，其横切面通常呈六棱形类结晶体状排列。通常由毛基体发出或至少与毛基体相联系，与表膜垂直深入细胞质中，与其他结构一起构成了钩刺类、篮管类、管口类纤毛虫胞咽器的强化装置。在咽膜亚纲的前口虫等类群中也存在该结构。在早期的光学显微水平研究中被认为是刺杆、胞咽篮、胞咽杆。

盾片（scutica，Sc）：盾纤类（及部分其他类群）纤毛虫中临时性的复合基体结构或细胞器，出现时通常不具有纤毛。若在口器发生后不消失，则存在于口后。

动基系（kinetid）：纤毛虫皮层上基本的重复性细胞器复合体。动基系基本上是由1个（或1对甚至更多）毛基体和与之紧密联系的特定结构或细胞器组成。后者通常又包括纤毛、某一区域的单位膜、表膜泡、动纤丝，以及各种带、横纹或者微管束（包括咽微纤丝），有时也包括微纤丝、肌丝、侧体囊和射出体。1个动基系包含1个毛基体和其附属纤维时，称单动基系（monokinetid）；1个动基系包含2个毛基体和其附属纤维时，称双动基系（dikinetid）。

纤毛列（kinety）：1个结构和功能一体化的动基系单元，通常呈纵向排列，可能由单动基系、双动基系或复动基系构成。其祖先状态被认为应是两极的，断裂的、插入的、部分的及缩短的被认为是派生态。可利用其不对称性辨别虫体的前端和后端。不用来指代口区纤毛器。

体纤毛列（somatic kinety，SK）：分布限制于体区（与口区相对，即与口区结构联系不紧密的体表各部分）的纤毛列。口区右侧第1列体纤毛列称为第1列体纤毛列（somatic kinety 1，SK1）；从第1列体纤毛列起始，顺时针计数所有体纤毛列时的最后1列，一般为口区左侧第1列，称为第n列体纤毛列（somatic kinety n，SKn）。

口后纤毛列（postoral somatic kinety）：前端延伸至口区后方的腹面纤毛列。

口前体纤毛列（preoral somatic kinety，PrK）：尤指帆口虫中，后端延伸至口侧膜末端前部的腹面体纤毛列。

定向子午线（director meridian）：虫体腹面中线处的不具毛基体的嗜银线，从口腔后沿延伸至位于体后端的胞肛。常有无纤毛杆的毛基体位于其前端。其位置是口器发生场所的一部分。为寡膜纲尤其是盾纤类的特征性结构。

缝合线（suture line）：身体的不同部分（表面）或其覆盖层上的缝状接口或联合（如在有孔虫的两腔室或两螺层之间，在腰鞭虫的表膜板间，在黏孢子虫连续不断的壳片间，等等）。在纤毛虫中，指身体表面上的纤毛列区域因左右汇合而成的缝线。

口前缝合线（preoral suture，PrS）：1条位于腹面中线，自口区后方延伸至虫体末端甚至背面的缝合线。背腹面体纤毛列的末端汇聚于此。

口后缝合线（postoral suture，PoS）：1条位于腹面中线、自口区前方延伸至虫体顶端的短缝合线。许多背腹面体纤毛列的前端在此汇聚。

射出体（extrusome，Ex）：位于皮层中由膜包围的、可射出的细胞器，尤其见于纤毛虫。这是一个泛化的术语，用于指代各种类型的结构（或许是异源的），如盘形刺胞、纤丝泡、系丝泡、产胶体、黏液泡、刺丝囊、杆丝泡及毒丝泡。在某些合适的化学或机械刺激下常发生射出现象。其中，黏液泡和刺丝泡分别存在于在盾纤类和咽膜类中。

伸缩泡（contractile vacuole，CV）：一种充满液体的细胞器（单个或多个）。自然状态下，伸缩泡通常有规律的收缩频率，舒张至一定大小后收缩，经1或多个孔将含代谢废物的内含物排出体外。

伸缩泡开孔（contractile vacuole pore，CVP或excretory pore，EP）：皮层和表膜上永久存在的小孔，具有嗜银染的边缘和微管支持的管道。通过该孔，伸缩泡将内含物排出体外。伸缩泡开孔是构成皮层模式的结构，其数量及位置较稳定，因此具有分类学参考价值。

胞肛（cytoproct，Cyp）：细胞的肛门。为表膜上一永久结构，狭缝状，靠近虫体后端，机体代谢产物从中排出。其边缘类似一种表膜脊突，被微管加固，嗜银染。

银线系（silverline-system）：整个纤毛虫表膜系统或皮层结构、细胞器等可被银浸技术显示的条格或网络状结构。通常是皮层微管或表膜泡银染后的显示，因而具有重要分类学价值。虽然与表膜下纤毛系在有些组成结构（如毛基体）上重合，但二者不完全相同。

大核（macronucleus，Ma）：又称营养核。纤毛虫体内具转录和生理活性的核，主管机体的表现型，可能为多个。纤毛虫中除了核残类为二倍体外，其他类群一律为多倍体。大核通常呈致密的球形或椭球形，有时会呈现其他形状，内含许多核仁。进行无丝分裂，在有性生殖中，大核被吸收并被合子核产物所取代。

小核（micronucleus，Mi）：又被称作生殖核，比大核小得多，可以有多个，通常为球形或卵形，基因组为二倍体。进行有丝分裂或减数分裂，在自体受精及接合生殖中扮演着重要的角色（它的某些产物可以生成大核）。它在无小核种类中的缺失表明了对于所谓的营养生长期来说，小核并不是必不可少的。

第二节　常见淡水原生动物

在早期的分类研究中，主要将原生动物分为以下四纲：鞭毛纲、肉足纲、孢子纲和纤毛纲。其中鞭毛纲为藻类，肉足纲在淡水中不常见，孢子纲为寄生类群，上述原生动物本教材不予介绍。根据最新的原生动物分类系统，将纤毛纲界定为纤毛门。本教材采用最新分类系统进行介绍，并提供大量淡水中常见纤毛门原生动物的图片。根据宋微波（2009）的研究，纤毛门常见类群（海水、咸水和淡水生境）如下：

纤毛门 Ciliophora Doflein, 1901

动基片纲 Kinetofragminophorea Puytorac et al., 1974

原纤目 Primociliatida Corliss, 1974

核残目 Karyorelictida Corliss, 1974

具刺虫属 *Kentrophoros* Sauerbrey, 1928

腹针虫属 *Tracheloraphis* Dragesco, 1960

腹梭虫属 *Trachelocerca* Ehrenberg, 1840

后腹梭虫属 *Apotrachelocerca* Xu et al., 2012

盖雷虫属 *Geleia* Foissner, 1998

海喙虫属 *Remanella* Foissner, 1996

小胸目 Microthoracida Jankowski, 1967

毛口目 Trichostomatida Bütschli, 1889

　　斜口虫属 *Plagiopyla* Stein, 1860

　　偏桑德列虫属 *Parasonderia* Jankowski, 2007

　　三美虫属 *Trimyema* Lackey, 1925

前口目 Prostomatida Schewiakoff, 1896

　　尾毛虫属 *Urotricha* Claparède & Lachmann, 1859

　　壶形虫属 *Lagynus*, Quennerstedt, 1867

钩刺目 Haptorida Corliss, 1974

　　伸颈虫属 *Trachelotractus* Foissner, 1997

　　栉毛虫属 *Didinium* Stein, 1859

　　裸口虫属 *Holophrya* Ehrenberg, 1831

　　瓦榴弹虫属 *Pinacocoleps* Diesing, 1866

　　偏榴弹虫属 *Apocoleps* Chen et al., 2009

　　诺兰德虫属 *Nolandia* Small & Lynn, 1985

　　披巾虫属 *Tiarina* Bergh, 1881

　　柱毛虫属 *Cyclotrichium* Meunier, 1910

　　拟刀口虫属 *Paraspathidium* Noland, 1937

　　纤口虫属 *Chaenea* Quennerstedt, 1867

　　长吻虫属 *Lacrymaria* Bory, 1824

　　菲阿虫属 *Phialina* Bory, 1824

　　伪颈毛虫属 *Pseudotrachelocerca* Song, 1990

　　刀口虫属 *Spathidium* Dujardin,1841

　　头巾虫属 *Tiarina* Bergh, 1881

Incertae sedis in order

　　中缢虫属 *Mesodinium* Stein, 1863

　　扁体虫属 *Placus* Cohn, 1866

中圆虫属 *Metacystis* Cohn,1866

侧口目 Pleurostomatida Schewiakoff, 1896

裂口虫属 *Amphileptus* Ehrenberg, 1830

后裂虫属 *Apoamphileptus* Lin & Song, 2004

拟裂口虫属 *Amphileptiscus* Song & Bradbury, 1998

刺叶虫属 *Kentrophyllum* Petz et al., 1995

表叶虫属 *Epiphyllum* Lin et al., 2005

漫游虫属 *Litonotus* Wrzesniowski, 1870

亚册虫属 *Acineria* Dujardin, 1841

斜叶虫属 *Loxophyllum* Dujardin, 1841

伪裂口虫属 *Amphileptiscus* Song & Bradbury, 1998

吻毛目 Rhynchodida Chatton & Lwoff, 1939

下吻虫属 *Hypocoma* Gruber, 1884

下毛虫属 *Hypocomides* Chatton & Lwoff, 1922

钩毛虫属 *Ancistrocoma* Chatton & Lwoff, 1926

楔盘虫属 *Sphenophrya* Chatton & Lwoff, 1921

管口目 Cyrtophorida Faure-Fremiet in Corliss, 1956

类偏体虫属 *Agnathodysteria* Deroux, 1976

宽管虫属 *Aegyria* Claparède & Lachmann, 1859

后直毛虫 *Aporthotrochilia* Pan et al., 2011

异斜管虫属 *Atopochilodon* Kahl, 1933

布鲁克林虫属 *Brooklynella* Lom & Nigrelli, 1970

斜管虫属 *Chilodonella* Strand, 1928

篷体虫属 *Chlamydonella* Petz et al., 1995

拟篷体虫属 *Chlamydonellopsis* Blatterer & Foissner, 1990

齿管虫属 *Chlamydodon* Ehrenberg, 1935

篷管虫属 *Chlamydonyx* Deroux, 1976

腹沟虫属 *Coeloperix* Deroux in Gong & Song, 2004

偏体虫属 *Dysteria* Huxley, 1857

哈特曼属 *Hartmannula* Poche, 1913

异哈特曼虫属 *Heterohartmannula* Pan et al., 2012

下管虫属 *Hypocoma* Gruber, 1884

林奇虫属 *Lynchella* Jankowski, 1968

绒毛虫属 *Microxysma* Deroux, 1976

异偏体虫属 *Mirodysteria* Kahl, 1933

齿篷虫属 *Odontochlamys* Certes, 1891

直毛虫属 *Orthotrochilia* Deroux in Song, 2003

小瓶虫属 *Pithites* Deroux & Dragesco, 1968

伪斜管虫属 *Pseudochilodonopsis* Foissner, 1979

旋偏体虫属 *Spirodysteria* Gong et al., 2007

毛足虫属 *Trichopodiella* Corliss, 1960

轮毛虫属 *Trochilia* Dujardin, 1841

环毛虫属 *Trochilioides* Kahl in Gong & Song, 2006

轮管虫属 *Trochochilodon* Deroux, 1976

吸管目 Suctorida Claparède & Lachmann, 1858

壳吸管虫属 *Acineta* Ehrenberg, 1834

贝吸管虫属 *Conchacineta* Jankowski, 1978

杯吸管虫属 *Actinocyathula* Corliss, 1960

甲吸管虫属 *Loricophrya* Matthes, 1956

拟粘管虫属 *Paramucophrya* Chen & Song, 2005

似壳吸管虫属 *Paracineta* Collin, 1911

曲壳吸管虫属 *Flectacineta* Jankowski, 1978

斑吸管虫属 *Ephelota* Wright, 1858

篮口目 Nassulida Jankowski, 1967

篮口虫属 *Nassula* Ehrenberg, 1833

合膜目 Synhymeniida de Puytorac et al., 1974

带膜虫属 *Zosterodasys* Deroux, 1978

直管虫属 *Orthodonella* Bhatia, 1936

寡膜纲 Oligohymenophora de Puytorac et al., 1974

膜口目 Hymenostomatida Delage & Herouard, 1896

前口虫属 *Frontonia* Ehrenberg, 1838

右毛虫属 *Dexiotrichides* Kahl, 1931

心口虫属 *Cardiostomatella* Corliss, 1960

拟四膜虫属 *Paratetrahymena* Thompson, 1963

柔页虫属 *Sathrophilus* Corliss, 1960

映毛虫属 *Cinetochilum* Perty, 1849

伪扁丝虫属 *Psudoplatynematum* Bock, 1952

草履虫属 *Paramecium* Müller, 1773

盾纤亚纲 Scuticociliatia Small, 1967

盾纤目 Scuticociliatida Small, 1967

康纤虫属 *Cohnilembus* Kahl, 1933

隐唇虫属 *Cryptochilum* Maupassant, 1883

膜袋虫属 *Cyclidium* Müller, 1773

镰袋虫属 *Falcicyclidium* Fan et al., 2011

发袋虫属 *Cristigera* Roux, 1901

阔口虫属 *Eurystomatella* Miao et al., 2010

内扇虫属 *Entorhipidium* Lynch, 1929

拟瞬膜虫属 *Glauconema* Thompson, 1966

鬃毛虫属 *Hippocomos* Czapic & Jordan, 1977

麦德虫属 *Madsenia* Kahl, 1934

异阿脑虫属 *Mesanophrys* Small & Lynn in Aescht, 2001

后阿脑虫属 *Metanophrys* Puytorac et al., 1974

迈阿密虫属 *Miamiensis* Thompson & Moewus, 1964

拟舟虫属 *Paralembus* Kahl, 1933

拟阿脑虫属 *Paranophrys* Thompson & Berger, 1965

拟尾丝虫属 *Parauronema* Thompson, 1967

嗜污虫属 *Philasterides* Kahl, 1931

污栖虫属 *Philaster* Fabre–Domergue, 1885

帆口虫属 *Pleuronema* Dujardin, 1841

针口虫属 *Porpostoma* Mobius, 1888

伪康纤虫属 *Pseudocohnilembus* Evans & Thompson, 1964

伪膜袋虫属 *Pseudocyclidium* Small & Lynn, 1985

裂纱虫属 *Schizocalyptra* Dragesco, 1968

尾丝虫属 *Uronema* Dujardin, 1841

小尾丝虫属 *Uronemella* Song & Wilbert, 2002

维尔伯虫属 *Wilbertia* Fan et al., 2009

吸触目 Thigmotrichida Chatton & Lwoff, 1922

吸触虫属 *Thigmophrya* Chatton & Lwoff, 1923

粘叶虫属 *Myxophyllum* Raabe, 1934

后口虫属 *Boveria* Stevens, 1901

鱼钩虫属 *Ancistrum* Maupas, 1883

缘毛亚纲 Peritrichia Stein, 1859

固着目 Sessilida Kahl, 1933

钟虫属 *Vorticella* Linnaeus, 1767

伪钟虫属 *Pseudovorticella* Foissner & Schiffmann, 1975

拟钟虫属 *Paravorticella* Kahl, 1933

聚缩虫属 *Zoothamnium* Bory, 1824

拟聚缩虫属 *Zoothamnopsis* Song, 1997

裂肌虫属 *Myoschiston* Jankowski, 1985

拟单缩虫属 *Pseudocarchesium* Sommer, 1951

表单缩虫属 *Epicarchesium* Jankowski, 1985

间隙虫属 *Intranstylum* Faure-Fremiet, 1904

短柱虫属 *Rhabdostyla* Kent, 1881

累枝虫属 *Epistylis* Ehrenberg, 1830

游钟虫属 *Planeticovorticella* Clamp & Coats, 2000

拟累枝虫属 *Pseudoepistylis* Shi et al., 2007

杯体虫属 *Scyphidia* Dujardin, 1841

靴纤虫属 *Cothurnia* Ehrenberg, 1831

扉门虫属 *Thuricola* Kent, 1881

鞘居虫属 *Vaginicola* Lamarck, 1816

游走目 Mobilida Kahl, 1933

车轮虫属 *Trichodina* Ehrenberg, 1830

拟车轮虫属 *Paratrichodina* Lom, 1963

小车轮虫属 *Trichodinella* Srámek-Husek, 1953

两分虫属 *Dipartiella* Stein, 1961

壶形虫属 *Urceolaria* Stein, 1867

多膜纲 Polyhymenophora Jankowski, 1967

　　原克鲁目 Protocruziidida Jankowski, 1978

　　　　原克鲁虫属 *Protocruzia* Faria et al., 1922

　　异毛目 Heterotrichida Stein, 1859

　　　　突口虫属 *Condylostoma* Bory, 1824

　　　　瓶囊虫属 *Folliculina* Lamarck, 1816

　　　　类瓶囊虫属 *Folliculinopsis* Fauré-Fremiet, 1935

　　　　突喇叭虫属 *Condylostentor* Jankowski, 1978

　　　　蚕豆虫属 *Fabrea* Henneguy, 1890

　　　　环须虫属 *Peritromus* Stein, 1863

　　　　爽口虫属 *Climacostomun* Stein, 1859

　　丽克目 Licnophorida Corliss, 1957

　　　　丽克虫属 *Licnophora* Claparède, 1867

　　寡毛目 Oligotrichida Butschli, 1887

　　　　急游虫属 *Strombidium* Claparède & Lachmann, 1859

　　　　新游虫属 *Novistrombidium* Song & Bradbury, 1998

　　　　旋游虫属 *Spirostrombidium* Jankowski, 1978

　　　　欧米虫属 *Omegastrombidium* Agatha, 2004

　　　　平游虫属 *Parallelostrombidium* Agatha, 2004

　　　　林恩虫属 *Lynnella* Liu et al., 2011

　　　　偏游虫属 *Apostrombidium* Xu et al., 2009

　　　　变游虫属 *Varistrombidium* Xu et al., 2010

　　　　旋曳尾虫属 *Spirotontonia* Agatha, 2004

　　　　伪曳尾虫属 *Pseudotontonia* Agatha, 2004

管游虫属 *Cyrtostrombidium* Lynn & Gilron, 1993

裂隙虫属 *Rimostrombidium* Jankowski, 1978

拟急游虫属 *Parastrombidium* Fauré-Fremiet, 1924

拟盗虫属 *Strombidinopsis* Kent, 1881

海游虫属 *Pelagostrobilidium* Petz et al., 1995

丁丁目 Tintinnida Kofoid & Campbell, 1929

筒壳虫属 *Tintinnidium* Kent, 1881

真丁丁虫属 *Eutintinnus* Kofoid & Campbell, 1939

丁丁虫属 *Tintinnus* Schrank, 1803

网纹虫属 *Favella* Jorgensen, 1924

细壳虫属 *Stenosemella* Jorgensen, 1924

拟铃虫属 *Tintinnopsis* Stein, 1867

类铃虫属 *Codonellopsis* Jorgensen, 1924

旋口虫属 *Helicostomella* Jorgensen, 1924

铃壳虫属 *Codonella* Haeckel, 1873

瓮状虫属 *Amphorella* Daday, 1887

类瓮虫属 *Amphorellopsis* Kofoid & Campbell, 1929

类管虫属 *Dadayiella* Kofoid & Campbell, 1929

薄铃虫属 *Leprotintinnus* Joergensen, 1900

网梯虫属 *Climatocylis* Joergensen, 1924

网膜虫属 *Epiplocylis* Epiplocylis, 1924

拟网膜虫 *Epiplocyloides* Hada, 1938

杯体虫属 *Craterella* Kofoid & Campbell, 1929

类杯虫属 *Metacylis* Joergensen, 1924

孔杯虫属 *Marshallia* Nie & Cheng, 1947

原纹虫属 *Protorhabdonella* Joergensen, 1924

表纹虫属 *Epirhabdonella* Kofoid & Campbell, 1929

条纹虫属 *Rhabdonella* Brandt, 1906

拟波膜虫属 *Parundella* Joergensen, 1924

波膜虫属 *Undella* Daday, 1887

原孔虫属 *Proplectella* Kofoid & Campbell, 1929

网袋虫属 *Dictyocysta* Ehrenberg, 1854

号角虫属 *Salpingella* Joergensen, 1924

角口虫属 *Salpingacantha* Kofoid & Campbell, 1929

原腹毛目 Protohypotrichida Shi et al., 1999

凯毛虫属 *Kiitricha* Nozawa, 1941

心毛虫属 *Caryotricha* Kahl, 1932

腹毛目 Hypotrichida Stein, 1859

伪卡尔虫属 *Pseudokahliella* Berger et al., 1985

小双虫属 *Amphisiella* Gourret & Roeser, 1888

拟枝毛虫属 *Paracladotricha* Li et al., 2011

旋双虫属 *Spiroamphisiella* Li et al., 2007

排毛虫属 *Stichotricha* Perty, 1849

额斜虫属 *Epiclintes* Stein, 1863

拟双棘虫属 *Parabirojimia* Hu et al., 2002

全列虫属 *Holosticha* Wrzesniowski, 1877

异列虫属 *Antheholosticha* Berger, 2003

假列虫属 *Nothoholosticha* Li et al., 2009

旋颈虫属 *Spirotrachelostyla* Gong et al., 2006

砂隙虫属 *Psammomitra* Borror, 1972

后尾柱虫属 *Metaurostylopsis* Song et al., 2001

双轴虫属 *Diaxonella* Jankowski, 1979

伪尾柱虫属 *Pseudourostyla* Borror, 1972

新巴库虫属 *Neobakuella* Li et al., 2011

异巴库虫属 *Heterobakuella* Jiang et al., 2011

偏巴库虫属 *Apobakuella* Jiang et al., 2011

巴库虫属 *Bakuella* Jankowski, 1979

伪角毛虫属 *Pseudokeronopsis* Borror & Wicklow, 1983

偏角毛虫属 *Apokeronopsis* Shao et al., 2007

异角毛虫属 *Hetrokeronopsis* Pan et al., 2012

趋角虫属 *Thigmokeronopsis* Wicklow, 1981

伪小双虫属 *Pseudoamphisiella* Song, 1996

线双虫属 *Leptoamphisiella* Li et al., 2008

泡毛虫属 *Tuniothrixlla* Xu et al., 2006

原腹柱虫属 *Protogastrostyla* Gong et al., 2007

半腹柱虫属 *Hemigastrostyla* Song & Wilbert, 1997

偏腹柱虫属 *Apogastrostyla*. Li et al., 2010

异尖毛虫属 *Heteroxytricha* Shao et al., 2011

桥柱虫属 *Ponturostyla* Jankowski, 1989

类瘦尾虫属 *Uroleptopsis* Kahl, 1932

尖颈虫属 *Trachelostyla* Borror, 1972

尖毛虫属 *Oxytricha* Bory, 1824

管膜虫属 *Cyrtohymena* Foissner, 1989

棘尾虫属 *Stylonychia* Ehrenberg, 1830

拟片尾虫属 *Urosomoida* Hemberger in Foissner, 1982

棘毛虫属 *Sterkiella* Foissner, Blatterer, Berger & Kohmann, 1991

急纤虫属 *Tachysoma* Stokes, 1887

博格虫属 *Bergeriella* Liu et al., 2009

盘头目 Discocephalida Wicklow, 1982

盘头虫属 *Discocephalus* Ehrenberg in Hemprich & Ehrenberg, 1831

原盘头虫属 *Prodiscocephalus* Jankowski, 1979

拟盘头虫属 *Paradiscocephalus* Li et al., 2009

游仆目 Euplotida Small & Lynn, 1985

腹棘虫属 *Gastrocirrhus* Lepsi, 1928

尾刺虫属 *Uronychia* Stein, 1859

双眉虫属 *Diophrys* Dujardin, 1841

类双眉虫属 *Diophryopsis* Hill & Borror, 1992

伪双眉虫属 *Pseudodiophrys* Jiang et al., 2011

拟双眉虫属 *Paradiophrys* Jankowski, 1978

异双眉虫属 *Heterodiophrys* Jiang et al., 2010

偏双眉虫 *Apodiophrys* Jiang et al., 2010

游仆虫属 *Euplotes* Ehrenberg in Hemprich & Ehrenberg, 1831

舍太虫属 *Certesia* Fabre-Domergue, 1885

盾纤虫属 *Aspidisca* Ehrenberg, 1830

下面描述国内一些常见淡水原生动物的形态特征、重要分类依据和图示结构。

1.**绿草履虫** *Paramecium bursaria*（Ehrenberg，1831）Focker，1936

草履虫属。活体大小为（140～160）μm×（50～70）μm，腹面观为长椭圆形，背腹扁平，长宽比约为3∶1，顶端偏窄，具斜截区，后端钝圆。胞口由虫体顶端延至体中部，形成一大口沟。细胞质浅灰色，内有绿藻（直径约3 μm）共生，致使通体呈绿色。皮膜较薄，下方具大量垂直排列的射出体，呈纺锤形，长度约10 μm。大核1枚，椭圆形，位于体中部，明视野下约40 μm×30 μm。典型的2枚伸缩泡，分别位于体前端与体后端的1/3处，各含6或7个收集管。体纤毛遍布，长度约10 μm，尾纤毛大致为4根，略长于体纤毛，长度约25 μm。通常在培养皿底部缓慢爬行，受惊扰时快速游开。银染后虫体大小（220～270）μm×（110～160）μm。85～95列体纤毛列，结构为双动基系，口前缝合线显著。口区结构亦符合典型的属的特征，咽膜3片，近乎等长（银染显示70～75 μm）。咽膜1和咽膜2为排列紧密的4列平行状毛基粒，银染后宽约3 μm；咽膜3为4列较分散的纤毛列，毛基粒呈C形排布，银染后宽约9 μm。银染后大核呈长椭圆形，大小为（90～100）μm×（25～35）μm；长椭圆形小核1枚，银染后约25 μm×10 μm。在河流、湖泊或小水体中可见。（图2-3、图2-4）

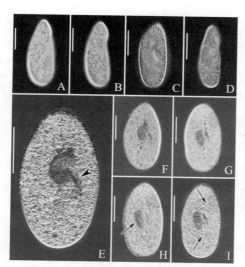

A–D. 绿草履虫不同个体的侧面观、腹面观与背面观；E. 无尾箭头显示口区；F、G. 同一典型个体的腹面观与背面观；H. 箭头显示大核；I. 箭头显示2枚典型的伸缩泡。比例尺：50 μm。

图2-3　绿草履虫活体显微图
（引自郝婷婷，2023）

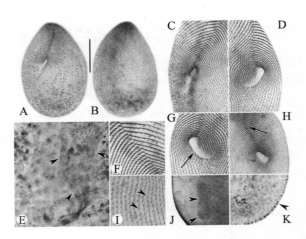

A、B. 绿草履虫银染下典型个体的腹面观及背面观；C、D. 口区；E. 口区小膜，无尾箭头分别显示第1-3小膜；F-H. 口前缝合线及口沟，G. 箭头显示口沟，H. 箭头显示口前缝合线；I. 体纤毛列，无尾箭头显示双动基粒；J. 核结构，无尾箭头显示大核与小核；

K. 射出体（无尾箭头）。比例尺：80 μm。

图2-4　绿草履虫基于氨银染色下的银染图

（引自郝婷婷，2023）

2. 舍维科夫草履虫 *Paramecium shewiakaffi* Fokin et al., 2004

草履虫属。活体大小为（260~320）μm×（90~150）μm。腹面观为长椭圆形，长宽比约为2.5：1，背腹扁平，前端偏窄，后端稍圆，饥饿时呈雪茄形状。口前庭凹陷从虫体顶端延至体中部胞口处，口区呈扇形或月牙状，长度约为体长的19%。细胞质无色或浅灰色，含有大量充满丰富细菌和食物颗粒的食物泡，以及圆形（直径约2 μm）或短棒状的晶体。虫体皮膜下方具大量垂直排列的刺丝泡（长度约10 μm），细胞内含大量球状射出体（直径约1 μm）。大核1枚，椭圆形，通常位于体中部，银染后大小（80~90）μm×（60~70）μm，偶见小核。虫体前后端各具1枚直径约20 μm的伸缩泡和5~8个收集管。前端伸缩泡到体前端的距离约为体长的

1/3，后端伸缩泡到体后端的距离约为细胞长度的23%。体纤毛均匀分布，长约17 μm，尾部具1簇（约8根）尾纤毛，约25 μm长。运动方式为在水中沿体长轴做旋转游动，有时绕体前端做原地旋转运动。65～75列体纤毛列，结构为单动基系。口区结构为典型的属级特征，一般由1片口侧膜、2片咽膜和1片四分膜组成。咽膜与四分膜均由4列排列紧密的毛基粒组成。口侧膜由双动基系组成。口前和口后缝合线显著。在河流和湿地等处可见。（图2-5、图2-6）

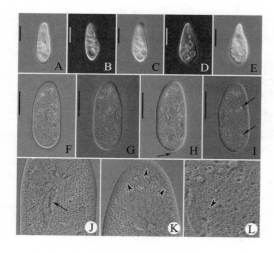

A-E. 不同个体的侧面观、腹面观与背面观；F-I. 同一典型个体；H. 箭头显示尾纤毛；I. 箭头显示双伸缩泡；J. 口区（箭头）；K. 棒状射出体（无尾箭头）；L. 皮层颗粒（无尾箭头）。比例尺：85 μm。

图2-5　舍维科夫草履虫基于微分干
　　　　涉下显示的活体图
　　　　（引自郝婷婷，2023）

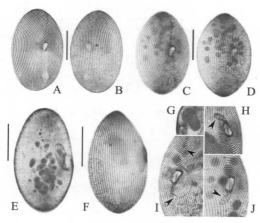

A-D. 两典型个体的腹面观及背面观；E. 内部观；F. 体纤毛列；G. 大核；H、J. 口器结构，无尾箭头显示口区小膜；I. 口前与口后缝合线（无尾箭头）。比例尺：90 μm。

图2-6　舍维科夫草履虫基于氨银染
　　　　色下的银染图
　　　　（引自郝婷婷，2023）

3. 黑龙江草履虫 *Paramecium heilongjiangensis* Hao et al., 2022

草履虫属。活体大小为（145～165）μm×（40～70）μm，腹面观为长椭圆形，顶端偏窄，尾端钝圆，背腹扁平，长宽比约为2.5：1。胞口由顶端延伸至体1/3处，形成口沟。细胞质无色至浅灰色，内含球形晶体（直径3～5 μm）与皮层颗粒（直径约1 μm）。皮膜下方具大量垂直排布的棒状射出体，长度约4 μm。大核1枚，长椭圆形，位于体中部。伸缩泡2枚，分别位于体前端和体后端的近边缘，未见收集管。体纤毛均匀遍布，长度约10 μm。尾纤毛大致3根，长度约15 μm。运动方式为缓慢游动或爬行。60～70列体纤毛列，口前缝合线显著。口区为典型的属之口器，咽膜3片，向内弯曲，长度近乎等长（银染显示50～60 μm），分别由排列紧密的4列毛基粒组成。银染后大核呈长椭圆形，大小为65 μm×30 μm，长椭圆形小核1枚，银染后约15 μm×10 μm。在河流和农田附近水渠可见。（图2-7、图2-8）

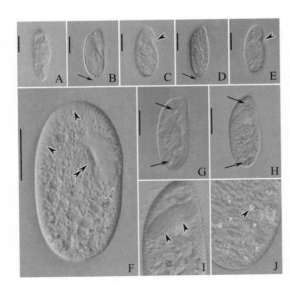

A–E. 代表性个体的侧面观、腹面观与背面观，其中B、D图中箭头显示尾纤毛，C、E图中无尾箭头显示口区凹陷；F. 典型个体，无尾单箭头显示射出体，无尾双箭头显示口区；G、H. 双伸缩泡（箭头）；I. 大核（无尾箭头）；J. 无尾箭头显示晶体。比例尺：50 μm（A–H）。

图2-7　黑龙江草履虫基于微分干涉下显示的活体图（引自郝婷婷，2023）

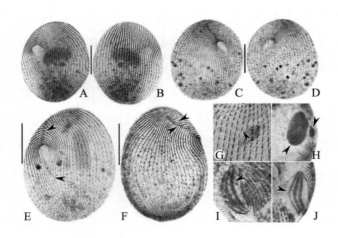

A–D. 两个典型个体的腹面观及背面观；E、F. 缝合线（无尾箭头）；G. 体纤毛列；
H. 核结构；I、J. 口器结构，无尾箭头显示口区小膜。比例尺：55 μm。

图2-8　黑龙江草履虫基于氨银染色下的银染图

（引自郝婷婷，2023）

4. 杜氏草履虫 *Paramecium duboscqui* Chatton & Brachon, 1933

草履虫属。体长80～150 μm，尾端钝圆，虫体前端向腹面扭转，虫体饥饿时侧面观呈肾形。口沟稍宽，倾斜于虫体纵轴。体纤毛密布全身，体末端具有3或4根尾纤毛。2个伸缩泡，囊泡型，即主泡被诸多起到收集管作用的小囊泡围绕；在舒张期，支撑伸缩泡的微管明显可见。每个伸缩泡各有1个位于背面的开孔。1枚大核，椭球形。小核多为2枚，长纺锤形，蛋白银染色后大小约10 μm×3 μm。运动方式与大部分草履虫不同，为绕虫体纵轴顺时针旋转，螺旋前进。口腔浅，位于体1/2处或稍微靠前。口侧膜位于口腔边缘右侧，含单动基系或"之"字形排列的双动基系。2片咽膜位于口腔左壁，各包含4列紧密排布的毛基体；四分膜靠近口腔后壁，基体列在前段明显分开，后端紧密且向右腹侧轻微弯曲。银线系主要为六边形网格，在口前缝合线左侧为长菱形网格，而在口后缝合线两侧为四边形网格。胞肛占据口后缝合线的后半部分。在污染河流和水体中可见。（图2-9）

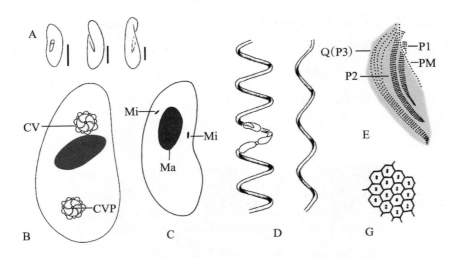

A. 不同个体活体体形；B. 活体伸缩泡及其开孔的形态及位置；C. 蛋白银染色后的大小
核；D. 虫体运动方式和两种不同的运动轨迹；E. 口纤毛器；G. 银线系网格；
CV. 伸缩泡；CVP. 伸缩泡开口；Ma. 大核；Mi. 小核；P1、P2. 咽膜1、咽膜2；
Q（P3）.四分膜（咽膜3）；PM. 口侧膜。比例尺：40 μm。

图2-9　杜氏草履虫

（引自范鑫鹏等，2020）

5. 博格四膜虫 *Tetrahymena bergeri* Roque, 1970

四膜虫属。活体大小为（110~120）μm×（60~70）μm。虫体呈长
椭圆形，长宽比约为2:1，前端略尖，口区位于体前端，偏小的三角形轮
廓，约为体长的20%，口区纤毛不显著。细胞质无色，含有大量充满细菌
和残渣的食物泡，直径可达20 μm。皮层柔韧，布满大量直径0.8~1.5 μm
的球状突起。1枚椭圆形大核，银染后大小约35 μm×30 μm，球形小核紧挨
大核，银染后直径8~10 μm。一收缩泡位于背侧，位于近末端，舒张期直
径约15 μm。体纤毛均匀排布于体表，长度约10 μm。常在培养皿底部缓慢
运动，有时静止。18~21列体纤毛列，基本结构为双动基系，体前端排布
稍密集。纤毛模式大致情况：典型的2个口后纤毛列；腹侧体纤毛列从体末

端延伸到口区中部；口区前端有一不完整的体纤毛列，由6～7对毛基粒组成；尾端纤毛不规则排列，包含9～12对毛基粒。2条口后纤毛列，口器结构为典型的四膜虫属口器，即由1个口侧膜和3片口区小膜组成。口侧膜呈J形，由2列排列紧密的毛基粒组成，呈"之"字形排列，3片平行排列的小膜，长度依次缩短，每片由3列毛基粒组成。在河流和湿地等处可见。（图2-10）

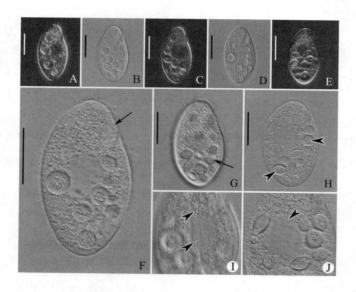

A-E. 博格四膜虫的不同典型个体；F. 典型腹面观，箭头显示口区；G. 箭头显示伸缩泡；
H. 无尾箭头显示食物泡；I. 无尾箭头显示皮层球状射出体；
J. 无尾箭头显示大核位置。比例尺：40 μm（A-H）。
图2-10　博格四膜虫基于微分干涉下的活体显微图
（引自郝婷婷，2023）

6. 赛氏四膜虫 *Tetrahynema setosa* McCoy, 1975

四膜虫属。如图2-11所示，活体大小为（30～40）μm×（20～25）μm。口区小而浅，近似体长的1/6～1/5，位于身体前端1/4处，波动咽膜长度约为

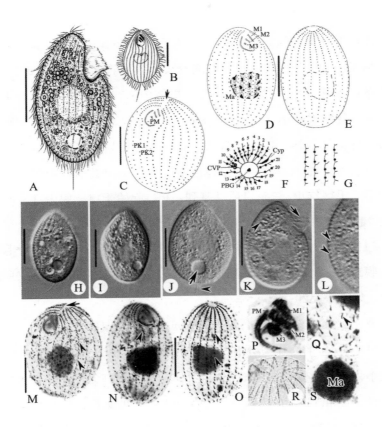

A、H. 典型个体的腹面观；B. *T. setifera*；C. 腹面观，展示口侧膜及毛基粒；D、E. 分别为纤毛图示的腹面及背面观；F. 伸缩泡开孔的位置；G. 纤毛基部结构；H. 代表性个体腹面观；I、J. 箭头示伸缩泡，无尾箭头示尾纤毛，K. 箭头示波动咽膜，无尾箭头示皮层颗粒。L. 部分结构，无尾箭头示射出体；M、N. 腹面结构，M图中箭头示裸毛区，无尾箭头示体动基列。O. 背面结构，无尾箭头示体动基列；P. 口区细节结构；Q. 染色后个体下端部分结构，无尾箭头示体动基列；R. 示虫体顶端结构。S. 示大核结构。
CVP. 伸缩泡开孔；Cyp. 胞肛；PBG. 极性基底复合颗粒；Ma. 大核；M1-3. 小膜1、2和3；PM. 口侧膜；PK1、PK2. 口后动基列1和2。比例尺：15 μm（A-E，H-K，M-O）。

图2-11　赛氏四膜虫活体（A、B、H-L）、银线系（F、G）及银染图（C-E，M-S）
（引自潘蒙蒙，2019）

8 μm；体纤毛密集，约4 μm；单一尾纤毛，约8 μm；纤毛基部的皮囊微皱缩，细胞无色至灰色，含大量食物泡及大小各异的皮层颗粒（0.5~1 μm）随机分布；大核1枚，多为圆形，位于虫体中部，直径约10 μm。银染未观察到小核。伸缩泡近尾端，直径约8 μm，变化频率为近1 min。运动方式为以自身主体为轴旋转，适度地游泳，有时静止在培养皿底部。体动基列为21或22列，纵向排列，起始于虫体前端，形成突出的前缝合线，起始于口区前端至无毛区结束。2条口后动基列：PK1起始于口侧膜中部，延伸至尾端；PK2始于口侧膜末端。PK1和PK2分别由19~23和15~18个单毛基粒构成。口区为典型的四膜虫类型。小膜1和小膜2等长，均由3行毛基粒构成；小膜3极短，由2~3行毛基粒构成。口区小膜右侧为毛基粒Z形排列的口侧膜，始于小膜2的前端。

7. 梨形四膜虫 Tetrahynema pyriformis Lwoff，1947

四膜虫属。如图2-12所示，活体大小为（69~106）μm×（53~64）μm。口区较小，约为虫体长的10%，位于身体前端。细胞无色，含有大量皮层颗粒（直径1~3 μm）、食物颗粒及晶体。大核近似圆形，位于身体中部，未观察到小核。伸缩泡直径10~20 μm。运动时速度较快，常大量聚集在鱼体腐烂或损坏处。遇到食物时口区会扩大。体动基列20~23列，口器为典型的四膜虫模式口器，口侧膜J形，3片口区小膜平行排列，每片小膜均由3行毛基粒构成，口后动基列2列，SK1约由36个毛基粒构成，SKn约由33个毛基粒。图2-12。在河流、湖泊等水体中均可以见到。此外，该物种也发现于麦穗鱼中，发现该物种所侵染的鱼的特征是鱼体表面皮膜坚硬，损伤不明显，鳍部发白，有明显损伤，水体混浊。

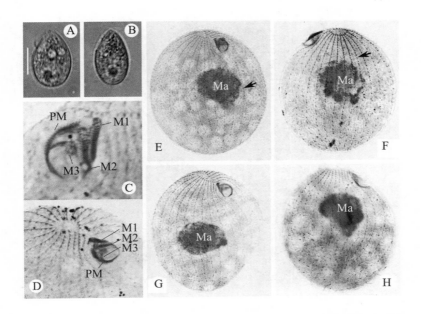

A、B. 典型个体的腹面观；C、D. 口区结构；E、G. 腹面图；F、H. 侧面图，箭头示体
动基列。

Ma. 大核；PM. 口侧膜；M1. 第1小膜；M2. 第2小膜；M3. 第3小膜。比例尺：40 μm。

图2-12　梨形四膜虫的活体（A、B）及氨银染色图（C-H）

（引自潘蒙蒙，2019）

8. 贪食四膜虫 *Tetrahymena vorax* Kidder, 1941

四膜虫属。活体大小为（50~60）μm×（25~30）μm，虫体为梭形，两头尖，中间充盈。口区较小，位于身体前端。细胞无色，含有大量皮层颗粒（直径1~3 μm）、食物颗粒及晶体。大核椭圆形，位于身体中部，直径约15 μm，未获得小核结构。伸缩泡（直径约8 μm）位于身体中部，无尾纤毛。运动时速度较快，或者静止于培养皿底部。遇到食物时口区会扩大。体动基列为21~22列，口后动基列为2列，口区为典型的四膜虫模式，口侧膜J形，3片小膜平行排列，每个小膜均由3行毛基粒构成。（图2-13）

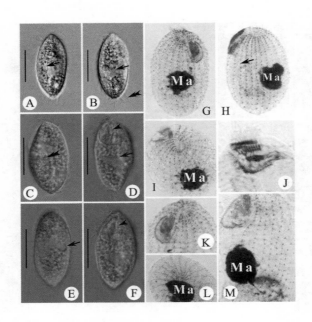

A、E. 典型个体腹面观，箭头示伸缩泡；B. 无尾箭头示口区，双无尾箭头示体纤毛；
C. 双无尾箭头示皮层颗粒；D、F. 箭头示大核，无尾箭头示口区；G、H. 典型个体被、
腹面观，箭头示体动基列；I、L. 虫体的上端部分结构；J、K、M. 口区细节结构。
Ma. 大核；M1、M2、M3. 第1、2、3小膜。比例尺：30 μm。
图2-13　贪食四膜虫活体（A-F）和蛋白银（G-M）永久制片显微照片
（引自潘蒙蒙，2019）

9. 瞬闪膜袋虫 *Cyclidium glaucoma* Müller, 1773

膜袋虫属。体大小15 μm×10 μm，腹面观为稳定的两端略尖削的橄榄形，并在前端有一裸毛区，侧面观腹面略平，背面凸出。胞质清亮透明，仅含少量细小颗粒及折光性结晶体。口区约占体长2/3。大核1枚，约占体宽1/2，近球形。伸缩泡较小，位于尾端，伸缩频繁。体纤毛长约10 μm，虫体静息时呈轮辐状向周围直伸；单根尾纤毛，长约15 μm。运动方式为该属的典型运动方式，即短暂"跳跃"后即进入长时间静息态。10或11条体纤毛列。第1列体动基包含12～15个动基系；3片口区小膜，其中第2小膜最长，

口侧膜由双动基系的毛基体构成，盾片由2对毛基体构成，位于口侧膜后方。河流和观赏鱼、食用鱼的养殖水体中可见。（图2-14）

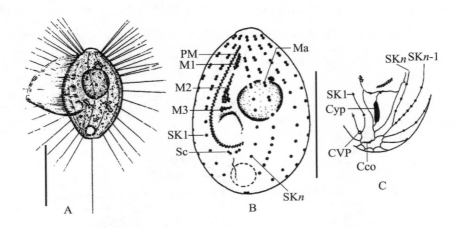

A. 腹面活体观；B. 纤毛图式腹面观；C. 尾部银线系统；
Cco. 尾纤毛复合体；CVP. 伸缩泡开口；Cyp. 胞肛；Ma. 大核；
M1、M2、M3. 口区第1、2、3小膜；PM. 口侧膜；Sc. 盾片；
SK1、SKn、SKn-1. 第1列、第n列和第n-1列体纤毛列。比例尺：15 μm。

图2-14 瞬闪膜袋虫

（引自范鑫鹏等，2020）

10. 中华膜袋虫 *Cycldium sinicum* Pan X, Liang, Wang, Warren, Mu, Yu & Chen, 2017

膜袋虫属。活体大小（20~25）μm×（10~15）μm，椭球形。左右扁平，宽厚比约1:3。顶端有裸毛区，约占体宽的1/4。口区占体长的45%~50%，口侧膜十分明显。皮膜光滑，活体状态下未见射出体。胞质无色透明，内含大小不一的折光颗粒（直径0.5~1 μm）；有数个或多个食物泡，内容物为摄食的细菌。大核2枚，球状，直径约5 μm；小核1枚，直径约2 μm。伸缩泡1枚，位于虫体后端，直径约4 μm。体纤毛和口纤毛长约7 μm；尾纤毛长约12 μm。运动方式为围绕虫体纵轴顺时针旋转，速度中等，偶尔静止较短的时间。11列几乎等长的体纤毛列，从虫体顶端裸毛区延伸至体后端。第1列体纤毛列由11或12个动基系构成。口侧膜呈L形。第1小膜由2列纵向排列的单动基系构成；第2小膜呈三角形，长度与第1小膜相近，由6行横向的毛基体构成；第3小膜较小，由2排毛基体构成。盾片邻近口侧膜末端，由2组毛基体（共4个）构成。淡水养殖池塘中可发现。（图2-15）

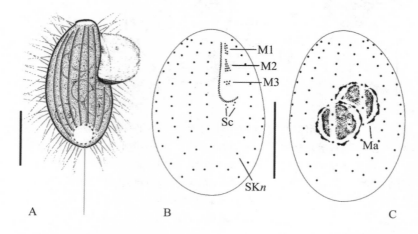

A. 活体腹面观，无尾箭头示长尾纤毛；B、C. 纤毛图式腹面观（B）和背面观（C）；Ma. 大核；M1、M2、M3. 第1、2、3小膜；PM. 口侧膜；Sc. 盾片；SKn. 第n列体纤毛列。
比例尺：10 μm。
图2-15　中华膜袋虫永久制片显微图片
（引自范鑫鹏等，2020）

11. 哈尔滨偏尾丝虫 *Apouronema harbinensis* Pan M, Chen, Liang & Pan, 2019

尾丝虫属。活体大小（45～55）μm×（20～25）μm，虫体长椭圆形，前端具有平截区；口区长度约占体长的3/4；口区小膜活体时显著，约20 μm长。皮膜较薄，射出体长约2 μm。细胞质透明，常包含大量食物泡。大核1枚，球形，直径约15 μm；小核紧靠大核，直径2 μm。伸缩泡1枚，直径约2 μm。体纤毛长10～12 μm。尾纤毛1根，长约15 μm。长时间静止于基底或水中，惊扰后快速游动。体纤毛列为12或13列，且第$n-2$和第$n-3$列体纤毛列后端仅延伸至体长70%处。口区第1小膜发达，含2列毛基体，每列由16～18个毛基体构成，第2小膜和第3小膜均由横向排布的2列毛基体构成；口侧膜毛基体呈"之"字形排列，后端显著向前弯曲，前端起始于第1小膜中部；盾片由口侧膜后端排布成X形的5对毛基体构成。在河流，尤其是污染河流中可见。（图2-16）

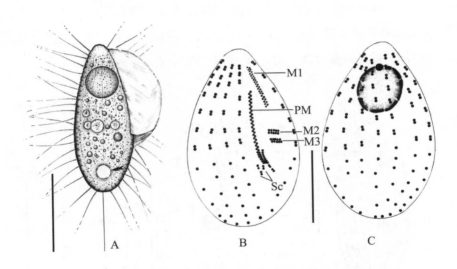

A. 活体右侧面观；B、C. 纤毛图式腹面观（B）和背面观（C）；
M1、M2、M3. 第1、2、3小膜；PM. 口侧膜；Sc. 盾片。
比例尺：20 μm。
图2-16　哈尔滨偏尾丝虫
（引自范鑫鹏和潘旭明，2020）

12. 暗尾丝虫 *Uronema nigricans*（Müller, 1786）Florentin, 1901

尾丝虫属。活体大小（30～40）μm×（12～20）μm。长椭圆形。前端较平，具一明显平截区。体后端较宽大。口区约占体长的1/2。皮膜薄，有轻微缺刻，沿纤毛列有纵向脊状凸起。活体中未发现射出体。胞质为无色至浅灰色，含诸多短棒状结晶体，分布于体前和体后部。充分进食个体的胞质中含有许多灰绿色食物泡，致使虫体在低倍镜下呈暗灰色。大核1枚，球形，位于体中部。伸缩泡位于尾端，完全扩张时直径约4 μm。体纤毛长5~7 μm，密集排列；尾纤毛长15~20 μm。运动以较快速游动为主，偶尔于基质上缓慢爬动或静止于培养皿底。第13~15列体纤毛列纵向分布，体前端形成一小的裸毛区。体纤毛列前半为排列紧密的双动基系，后半为排列较疏松的单动基系。第1小膜单列，位于平截区附近，含5或6个纵向排列的毛基体，其中中部的1个毛基体略向左偏移。第2小膜几乎与第1小膜等长，由2或3列纵向毛基体构成。第3小膜含7~9个毛基体，斑块状。口侧膜前端起始于第2小膜中部。盾片通常包含2或3对毛基体。在河流中可见。（图2-17）

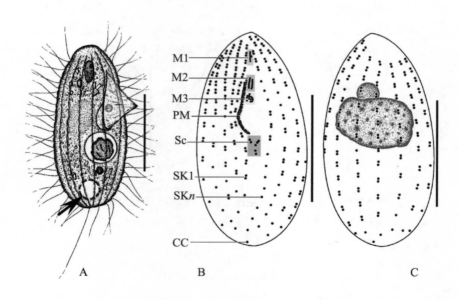

A. 活体右侧面观；B、C. 纤毛图式腹面观（B）和背面观（C）；
CC. 尾纤毛基体；M1、M2、M3. 第1、2、3小膜；PM. 口侧膜；Sc. 盾片；SK1、SKn.
第1列和第n列体纤毛列。

比例尺：30 μm。

图2-17　暗尾丝虫

（引自范鑫鹏和潘旭明，2020）

13. *海洋尾丝虫 Uronema marinum* Dujardin, 1841

尾丝虫属。活体大小（25～35）μm×（10～15）μm，虫体瘦长，圆柱形。前端具有明显的裸毛区，后端钝圆。口区位于体中部，胞口位于虫体赤道线处。皮膜较薄，基本平滑。射出体位于皮层下，活体时不明显。细胞质透明，常包含少量直径1～2 μm的砖形或哑铃形折光颗粒，体前部和后部较多。大核1枚，球形，位于体中部。伸缩泡较大，直径约5 μm，位于尾端；伸缩泡开口于第2列体纤毛列后部。体纤毛密集排布，长约5 μm；尾纤毛长约13 μm。运动方式为惊扰后快速游动，或长时间静息于基底。体纤毛列11～14列，前部不延伸至最前端，形成一裸毛区；第1列和最后1列体纤毛列分别包含约20个和23个动基系。第1小膜含3～6个纵向排列的毛基体。第2小膜略长于第1小膜，具2纵列，每列含5或6个毛基体。第3小膜较小，离第2小膜近。口侧膜含有"之"字形排列的2列毛基体，位于前端至第2小膜的中部。盾片由排列成Y形的3对毛基体组成。（图2–18）

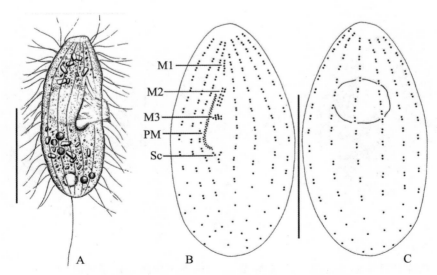

A. 活体腹面观；B、C. 纤毛图式腹面观（B）和背面观（C）；
M1、M2、M3. 第1、2、3小膜；PM. 口侧膜；Sc. 盾片。比例尺：20 μm。

图2–18　海洋尾丝虫

（引自范鑫鹏和潘旭明，2020）

14. 光明舟形虫 *Lembadion lucens*（Maskell, 1887）Kahl, 1931

舟形虫属。如图2-19所示，虫体大小（45～70）μm×（20～40）μm，长宽比为3:2～2:1。细胞形状较稳定，卵圆形至长椭圆形。前部稍收窄，并具一凸起，后部钝圆。腹面深凹，背部显著隆起。口区极宽大，（30～45）μm×（20～35）μm，长度为体长的3/4～4/5；口区纤毛长约20 μm。1枚肾形或L形大核，大小为（15～30）μm×（5～15）μm，位于细胞后半部偏右侧；1枚球形小核紧邻大核，直径约为2.5 μm。1个伸缩泡，位于虫体赤道线处、虫体右边缘近背面，舒张后直径约7 μm。体纤毛长约8 μm，尾纤毛长约20 μm。运动方式为持续游动伴随绕虫体纵轴旋转。体纤毛列25～30列，纵贯全身。各体纤毛列由中部的双动基系和两端的单动基系组成。背侧中间的体纤毛列含21～27个动基系，其中4～6个为双动基系。双动基系的数量从中间体纤毛列向左右两侧的体纤毛列逐渐增至8～12个。第一体纤毛列含14～23个动基系。尾纤毛基体于虫体尾端排列为2排：背侧1

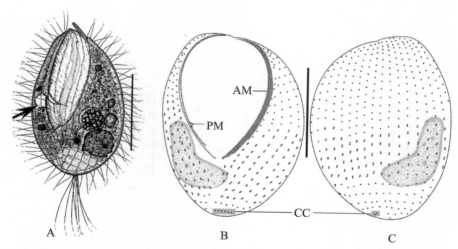

A. 活体腹面观，箭头指示伸缩泡；B、C. 纤毛图式腹面（B）和背面（C）观；
AM. 口区小膜；PM. 口侧膜；CC. 尾纤毛基体。比例尺：30 μm。

图2-19　光明舟形虫

（引自范鑫鹏和潘旭明，2020）

排含5或6个毛基体，腹侧1排含2或3个毛基体。口区小膜由7列紧密排列的毛基体组成，内侧的3列近乎等长，外侧各列毛基体长度逐渐缩短。口侧膜包含2列毛基体，外侧列毛基体呈"之"字形排列，内侧列为单动基系组成且稍短于外侧列。在河流和湖泊可见。

15. 光明舟形虫相似种 *Lembadion* cf. *lucens*（Maskell, 1887）Kahl, 1931

舟形虫属。活体大小为（125～135）μm×（80～90）μm。腹面观为卵形至长椭圆形，前端稍窄，有一突起，后端钝圆，背侧稍稍隆起，腹侧深深凹陷，口即位于凹陷中。口区大而宽，长80～90 μm，约为体长的3/5，宽35～45 μm，约为体宽的2/5。口区纤毛发达，纤毛长25～30 μm。体纤毛长约20 μm，沿身体长轴密集排列。尾端有多根较长的尾纤毛，通常为6根，长度约50 μm。细胞质无色或浅灰色，内含充满细菌及残体的食物泡和棒状晶体。虫体表膜不平滑，伴有一些小的球状突起，皮层颗粒遍布，通常约1 μm。单一收缩泡位于尾端，靠近虫体背侧边缘，完全舒张时直径约25 μm，未见收集管。通过不断地绕着体纵轴旋转来实现游动。30～35列体纤毛列，混合式毛基粒，即每列体纤毛列由中部的双动基系和两端的单动基系组成。背侧中部的体纤毛列含21～27个动基系，其中4～6个为双动基系。双动基系的数量从中部体纤毛列向左右两侧的体纤毛列逐渐增至8～12个。第1列体纤毛列含14～23个动基粒。尾纤毛基体于虫体尾端排列成2排：背侧一排由5或6个毛基粒组成，腹侧一排由2或3个毛基粒组成。单一肾形或L形大核位于体中线右侧，靠近后端边缘，大小约为70 μm×35 μm；一球形小核紧挨大核，直径约为8 μm。口区结构符合该属的典型结构，即包含1个口区小膜（AM）和2个口侧膜（PM）。口区小膜由位于口区左侧边缘的7列紧密排列的毛基粒组成，内侧的3列近乎等长，外侧各列毛基粒的排列长度逐渐缩短。口侧膜包含2列毛基粒，外侧列长于内侧列，毛基粒呈锯齿状排列，内侧列由单动基系组成。在口区后方形成一裸毛区，位于第1列体纤毛列与第*n*列体纤毛列之间。第*n*列体纤毛列后端右侧有2对额外的毛基粒。在河流和湿地等处可见。（图2-20）

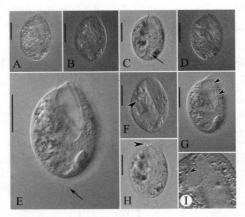

A–D. 光明舟形虫相似种的不同代表性个体；C. 箭头显示伸缩泡；E. 光明舟形虫的典型活体正模，箭头显示尾纤毛；F. 无尾箭头显示食物泡；G. 无尾箭头显示口区；H. 无尾箭头显示一顶端突起；I. 皮层颗粒。比例尺：45 μm（A–H）。

图2-20　光明舟形虫相似种的活体显微图

（引自Hao等，2023）

16. 卵圆映毛虫相似种 *Cinetochilum* cf. *ovale* Gong & Song, 2008

映毛虫属。活体大小为（45 ~ 55）μm ×（35 ~ 45）μm。腹面观为不对称的宽卵圆形，背腹扁平长宽比约为5∶4。纤毛由虫体顶端缩进成脊突并延伸向下，形成体表的纵沟。体纤毛均匀排列于体表，长8~10 μm（尾纤毛附近着生的体纤毛较长，可达12 μm）。胞口位体中部或赤道面稍后方，略偏于体中线的右侧至正中，呈椭圆形，口区长度约为体长的25%。细胞质无色透明或浅灰色，内含大量食物泡与皮层颗粒（直径约1 μm）。单一伸缩泡位于虫体尾端，舒张期直径约6 μm。单一尾纤毛，长度约25 μm。口区结构为典型的*Tetrahymena*模式口器，3个小膜（M1–M3）斜向或横向排列，每片小膜由3排毛基粒组成。口侧膜（PM）呈C形排布，前端终止于第2小膜，由2排毛基粒彼此紧靠而成。13或14列混合式体纤毛列。除了

SK1（PM右侧第1列）、SK*n*（口区最后一列）和SK*n*-1（倒数第2列）为双动基系，纤毛列基本上由单动基粒组成（部分体纤毛列前部含有几对毛基粒）。SK1比口侧膜稍长，全部由双动基粒组成；SK2前部毛基粒密集排布；SK*n*前端起始于第1小膜，前部包含约7对双动基粒；SK*n*-1延伸至口前，前部则包含约12对双动基粒；1对毛基粒总是与SK*n*-1的第1个毛基粒并排。盾片（Sc）由2列短毛基粒组成，靠近并平行于SK1的后部。口后纤毛列片段（PF）呈3短列，每列含3~5个毛基粒。卵圆形大核1枚，位于体中部偏下，靠近背侧，银染后大小约15 μm×14 μm，并伴有1枚小核，银染后直径约3 μm。在农田附近水域和沟渠中均可采到。（图2-21）

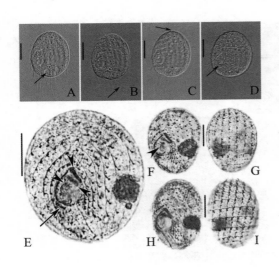

A-D. 典型个体的腹面观，其中A图中箭头显示伸缩泡，B图中箭头显示尾纤毛，C图中箭头显示脊突，D图中箭头显示口区；E. 带有口器结构的典型腹面观，箭头显示盾片，无尾箭头显示第1-3小膜；F-I. 两个正模标本的腹面观与背面观，其中F图中无尾箭头显示口侧膜。比例尺：20 μm。

图2-21　卵圆映毛虫相似种的活体（A-D）及银染图（E-I）（引自潘蒙蒙，2020）

17. 紫异源棘尾虫 *Tetmemena pustulata*（Müller, 1786）Eigner, 1999

棘尾虫属。如图2-22所示。活体大小为（120 ~ 230）μm×（70 ~ 110）μm。腹面观为长椭圆形或纺锤形，背腹扁平，长宽比约为2∶1。胞口位于虫体前端，长度约占体长的50%，口纤毛发达，长度约30 μm，腹面纤毛特化为粗壮的棘毛（长可达50 μm），皮层较薄且不具伸缩性，未见皮层颗粒。细胞质为浅灰色，充满大量大小不等的食物泡及球状颗粒（直径约 5 μm）。伸缩泡 1 枚，位于虫体中部，舒张期直径约 25 μm。通常在培养皿底部通过棘毛爬行。6 列背触纤毛列，包含 4 列完整的背触列和 2 列短背触列。30～36 条口围带，每条口围带由 3 排毛基粒组成。波动膜发达，包括口内膜和口侧膜，二者近乎等长，相对较直且平行排布。左右两侧各具 1 条棘毛列，左侧棘毛列 19～21 根，右侧棘毛列 25～29 根。额棘毛 8 根（3+4+1）；横棘毛 5 根（3+2），较分散，呈 J 形排布；腹棘毛 5 根。大核 2 枚，银染后（40～60）μm×（30～50）μm，排列于体中部，大致位于体 1/3 处与体 2/3 处。球形小核 2 枚，分别伴于 2 枚大核，紧靠大核，直径约 7 μm。在静水处可以采集到。

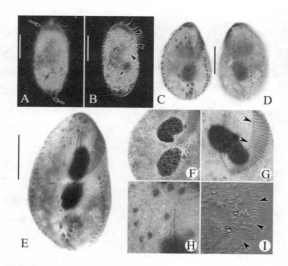

A、B. 典型个体的腹面观与背面观，其中 A 图中箭头显示发达的棘毛，B 图中箭头显示伸缩泡，无尾箭头显示口区；C、D. 正模标本的腹面观与背面观；E. 典型腹面观；
F. 核结构；G. 口围带（无尾箭头）；H. 额棘毛；I. 口纤毛。
比例尺：60 μm（A、B）；70 μm（C-E）。
图2-22　鬃异源棘尾虫的活体（A、B、I）及银染图（C-H）
（引自 Hao 等，2023）

18. 钩刺斜管虫 *Chilodonella uncinata*（Ehrenberg, 1838）Strand, 1928

斜管虫属。如图2-23所示。活体大小为（60～80）μm×（40～50）μm。腹面观为非对称的肾形或卵圆形，前、后两端钝圆，左前端形成喙状突，背部微微隆起，腹面高度扁平，长宽比约为1.5∶1。胞口显著，呈圆形，位于体前约1/4处。咽篮呈钩状，向左后方向延伸，咽杆数目大致为4杆。细胞质无色或浅灰色，内含无数的球状射出体（直径约1 μm），未见晶体。椭圆形大核1枚，位于体中部后端，明视野下约20 μm×18 μm。腹面无指状触须。伸缩泡2枚，舒张期直径约9 μm。体纤毛特化于腹部，长度约15 μm。于培养皿底部或水面上缓慢爬行。10或11列体纤毛列，体纤毛列被口后显著的裸毛区间隔，口前缝合线显著。左右纤毛列与体缘平行，呈括号状排布，后端由外向内逐渐增长。5列右区纤毛列，其中最右侧4列前端

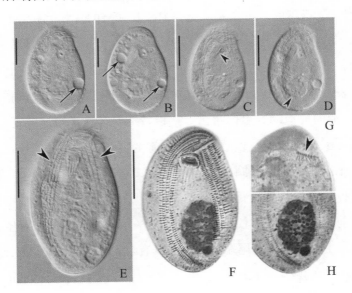

A-E. 典型个体的腹面观与背面观，A、B图中箭头显示对角线双伸缩泡，C图中无尾箭头显示咽篮，D无尾箭头显示大核，E无尾箭头显示左、右纤毛列；F. 正模标本的典型腹面观；G. 背端纤毛列片段（无尾箭头）；H. 核结构。比例尺：25 μm。

图2-23　钩刺斜管虫的活体（A-E）及银染图（F、H）

（引自Hao等，2023）

起始于口前方并向左侧弯曲，而内侧的1列前端止于胞口水平；5或6列左区体纤毛列，左侧第1列较短，约8对毛基粒，第2、3、4列依次延长，前4列均起始于口前方，第5列常起始于体中部向后延伸。单一背端纤毛列片段于背面顶位或亚顶位，呈睫状排布，由7～8个毛基粒组成。2列围口纤毛列，呈圆弧状排布于胞口前方。大核银染后大小（20～30）μm×（15～20）μm，并伴有一球形小核，银染后直径4～5 μm。在水泡中可以采集到。

19. 刚毛榴弹虫 Coleps hirtus（O. F. Müller, 1786）Nitzsch, 1827

榴弹虫属。活体大小（60～80）μm×（45～60）μm，虫体为长椭圆形或长圆柱体，体前端具一明显的平截区，无明显的背腹之分，长宽比约为3∶2。胞口恒位于体最前端，呈圆形，直径10～15 μm，口区纤毛长度约10 μm。细胞质呈暗灰色，内含大量充满细菌及残渣的食物泡和球状颗粒（直径2～4 μm）。皮膜偏厚，含皮层颗粒，直径约1 μm。单一伸缩泡，位于体亚尾端，舒张期直径约17 μm。单一尾纤毛，长度约15 μm。体纤毛均匀排列于体表，长度约10 μm。运动方式以虫体的纵轴为轴旋转向前游动，或快速地呈S形向前运动，虫体嗜污。盔板特征符合榴弹虫属特征，共6圈盔板，分别为围口盔板带、顶端盔板带、前主盔板带、后主盔板带、亚尾端盔板带、尾端盔板带，每圈约由14块无色长方形盔板组成。每片盔板为双窗口型盔板，窗口大致呈肾形。围口盔板带在活体状态下很难观察到。顶端盔板带前端逐渐变尖，使整个虫体顶端平截，少数盔板上着生顶刺前主盔板带、后主盔板带、亚尾端盔板带均具有4行窗口。尾端盔板较显著，其上着生3根较粗的棘刺，长度3～4 μm。主盔板大小约23 μm×9 μm，在每2个主盔板带结合的地方微微凹陷，每列盔板中脊较发达，每一肾形窗口右侧具脊。口区开口于虫体顶端。围口纤毛列呈环形，由成对的毛基粒围绕组成，3列斜向口器靠近围口纤毛列。口器Ⅰ由3对毛基粒组成，口器Ⅱ、Ⅲ

由4对毛基粒组成。银染后口围篮结构清晰，即由内口围篮与外口围篮组成。体纤毛列通常为较稳定的13列。球形大核1枚，位于体中部后端，直径13～17 μm；1枚球形小核紧挨大核，直径3～5 μm。在河流、湖泊和湿地等处均可见。（图2-24）

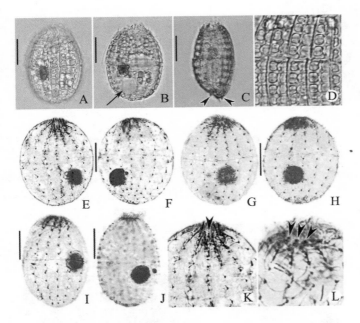

A. 典型个体的腹面观；B. 箭头显示伸缩泡；C. 无尾箭头显示棘刺；D. 盔板；E-H. 不同个体的纤毛图式；I. 体纤毛列；J. 胞质与核结构；K、L. 围口纤毛列，无尾箭头显示3条斜向口器。比例尺：25 μm（A-C，E-J）。

图2-24　刚毛榴弹虫的活体显微图（A-D）及银染图（E-L）

（引自Hao等，2023）

20. 优雅变尾丝虫 *Variuronema elegans* Hao et al., 2022

变尾丝虫属。如图2-25、图2-26所示。活体大小为（50～60）μm×（25～35）μm。腹面观为椭圆形，顶端略尖，后端钝圆。口区占体长的45%～55%。口区小膜薄而清透，长10～15 μm。射出体纺锤状，长约2 μm。细胞质无色或浅灰色，食物泡通常集中在身体后端，含皮层颗粒（直径约

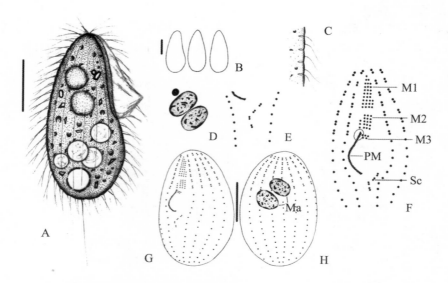

A. 优雅变尾丝虫活体右侧面观；B. 其个体的不同体形展示；C. 皮膜射出体及纤毛；
D. 大核及小核；E. 盾片；F. 口区小膜结构，红圈标注口侧膜的起始位置；G、H. 纤毛图式。
M1、M2、M3. 第1、2、3小膜；Ma. 大核；PM. 口侧膜；Sc. 盾片。比例尺：20 μm。

图2-25　优雅变尾丝虫活体（A–C）和纤毛图式（D–H）

（引自Hao等，2022a）

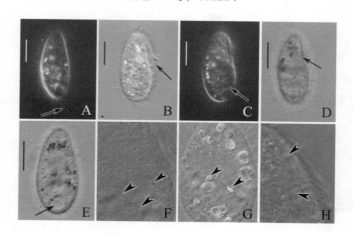

A–E. 优雅变尾丝虫的典型个体；A. 箭头显示尾纤毛；B. 箭头显示口区纤毛；C. 箭头显
示食物泡；D. 箭头显示口区；E. 箭头显示伸缩泡；F–H. 结构细节图；F. 无尾箭头显示
体纤毛列；G. 无尾箭头显示椭圆形晶体；H. 无尾箭头显示口区小膜。比例尺：20 μm。

图2-26　优雅变尾丝虫微分干涉下显示的活体图

（引自Hao等，2022a）

1 μm）和晶体。大核由2个片段组成，呈球形或椭圆形，位于体中上部，银染后约10 μm×8 μm。小核紧挨着大核，银染后直径约4 μm。伸缩泡位于身体末端，直径约9 μm，伸缩间隔约15 s。体纤毛密布排列，约10 μm长。单一尾纤毛，约20 μm长。运动方式为快速游动，在未受惊扰的情况下，虫体常绕口部做缓缓圆锥状旋转运动。12或13条体纤毛列，每条纤毛列由前端的双动基系（约1/3）和后端的单动基系（约2/3）构成。口器结构包括3片位于胞口前方的小膜和1列沿口区右侧分布的口侧膜，胞口后方具有由若干对毛基粒组成的盾片。第1小膜显著，4列，每列由3~10个毛基粒构成；第2小膜4列，最右边的1列最短（3个毛基粒），并与其他3列稍微分开，其他3列稍长，各包含5个毛基粒。第3小膜不显著，通常呈2~3小列。口侧膜起始于第3小膜右前端，由2列并拢排成"之"字形的毛基粒构成。盾片位于口区末端，由4对毛基粒彼此紧靠构成C形排布。河流和湿地等处均可见。

21. 相似变尾丝虫 *Variuronema similis* Hao et al., 2022

变尾丝虫属。活体大小为（45 ~ 55）μm×（20 ~ 35）μm，虫体通常呈长椭圆形，前端略细缩，后端偏钝圆。口区长度约占体长的55%。口区小膜长度大致为10 ~ 15 μm。胞质无色或略呈浅灰色，透明，内含许多球形内储物及不规则的结晶体，并伴有少量皮层颗粒（直径0.5 ~ 1.5 μm）。该种群常具有一巨大的、棒状结晶体，位于体前端，大小为8 μm×3 μm。1枚椭圆形大核，位于体前端，银染后约13 μm×12 μm，活体及银染后均未见小核。伸缩泡1枚，位于体后端位，直径约10 μm。体表膜具显著的缺刻，纤毛由凹陷处发出，体纤毛长度约10 μm，尾纤毛长度大致为体纤毛的2倍，约20 μm。虫体运动通常不活跃，常常做缓缓圆锥状旋转运动，时而螺旋形摆动前进。12或13列体纤毛列，为典型的混合式结构，即前1/3双动基系，后2/3呈单动基系。口器结构符合其属级结构,包括3片口区小膜和1个口侧膜。口侧膜起自第3小膜前端,其后部形成弯钩状,紧密排列。3个小膜长度呈递减趋势,即第1小膜和第2小膜较长,均由4列毛基粒构成,第3小膜不显著,大致包含5个毛基粒,通常2~3列排布。盾片位于口侧膜后端,包含彼此紧靠的3对毛基粒,排布方式大致呈r形。在河流和湿地等处均可发现。(图2-27)

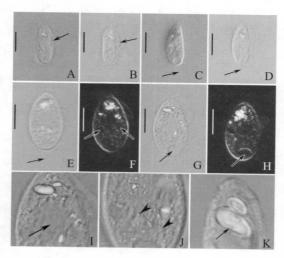

A–H. 相似变尾丝虫的典型个体;A、B. 箭头显示口区纤毛;C–E. 箭头显示尾纤毛;F. 箭头显示食物泡;G、H. 箭头显示伸缩泡;I–K. 结构细节图;I. 箭头显示大核;J. 无尾箭头显示皮层颗粒;K. 箭头显示长椭圆形晶体。比例尺:25 μm。

图2-27 相似变尾丝虫的活体图

(引自Hao等,2022a)

22. 坚固海洋尾丝虫 *Uronema rigidum* Hao et al., 2022

尾丝虫属。如图2-28所示，活体大小为（30～40）μm×（20～25）μm。

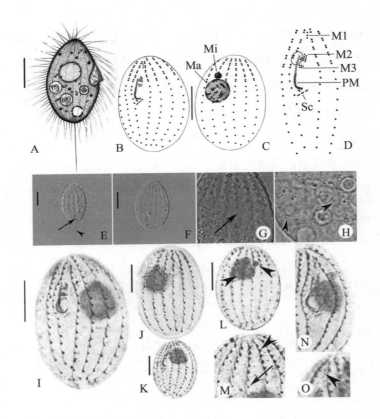

A. 坚固尾丝虫的腹侧面观活体图；B，C. 纤毛图式；D. 口器结构，黑圈标注口侧膜的起始位置；E、F. 坚固尾丝虫的典型个体，E图中箭头显示伸缩泡，无尾箭头显示尾纤毛；G. 大核；H. 皮层颗粒；I-K. 典型银染个体的侧面观与腹面观；L. 大核与小核；M. 箭头显示单动基系，无尾箭头显示双动基系；N. 银染下的口器结构；O. 第1小膜。Ma. 大核；M1、M2、M3. 第1、2、3小膜；Mi. 小核；PM. 口侧膜；Sc. 盾片。

比例尺：15 μm（B、C、I-L）；10 μm（A、E、F）。

图2-28　坚固尾丝虫活体（A、E-H）及银染图（B-D、I-O）

（引自Hao等，2023）

活体形态为椭圆形或纺锤形，略坚固，前端稍尖，尾端略宽。胞口位于体前端，占体长的45%～50%。射出体纺锤状，长约2 μm。细胞质无色或浅灰色，皮层颗粒直径约0.5 μm，胞内含不规则形状的晶体和充满细菌的食物泡。大核位于体前端，圆形或椭圆形，银染后直径约13 μm；球形小核1枚，紧挨大核，银染下直径约3 μm。恒具单一的伸缩泡，直径约5 μm，位于虫体尾端，伸缩间隔约30 s。体纤毛轻盈、密布，长度约10 μm，单一尾纤毛长度约为体纤毛的2倍，约20 μm。虫体游动急促，但在未受惊扰的情况下，常为完全的静息态。12或13列全长的混合式体纤毛列遍布全身，体前端30%为双动基系，其余为单动基系。口区包含3片小膜和1条口侧膜。第1小膜为短小的单列结构，由3个毛基粒组成，位于虫体近顶端，与其他小膜距离稍远；第2小膜包含3列，最右侧1列包含2个毛基粒，其余2列每列包含3个毛基粒；第3小膜大致包含5个毛基粒，常不规则排列，偶见2~3列排布，口侧膜毛基粒呈锯齿状排列，起始于第2膜最右侧短列的顶端。盾片位于口侧膜尾端弯曲部分，由4对毛基粒排布为Y形。在河流、湿地等处均可发现。

23. 东方赭纤虫 *Blepharisma orientale* Hao et al., 2022

赭纤虫属。活体大小为（280～380）μm ×（120～190）μm，身体柔软，腹面观为拉长的椭圆形，尾端较窄，两侧稍扁平，腹缘微隆起。皮层颗粒暗紫色，直径约0.7 μm，密集排布于纤毛列之间。分离培养约1周后，虫体颜色常由淡紫色逐渐加深至暗紫色。活体观察时细胞质常为无色或浅灰色，其内充满许多大小不等的晶体，以及充满细菌的食物泡。伸缩泡大，尾端分布，直径60～70 μm，伸缩间隔30 s左右。运动方式主要为在培养皿底部缓慢爬行或中速游动。口区长度占体长的55%～60%。口围带小膜70～76条，每条口围带由2条长基体构成。口围带小膜纤毛长130～150 μm，波动膜纤毛长约60 μm；口侧膜由双列毛基粒组成，后1/3部的毛基粒并拢呈"之"字形排布。虫体的纤毛图式如图2-29B、E、F。30~39条体纤毛列，为双动基系构造，4~5列口后纤毛列，胞口左侧具2列不后行至尾端的体纤毛列片段。体纤毛长度为15~25 μm。大核位于体前端，长椭圆形，活体状态下大小约为80 μm×25 μm，银染后的核大小约为100 μm×40 μm，未见小核。（图2-29、图2-30）

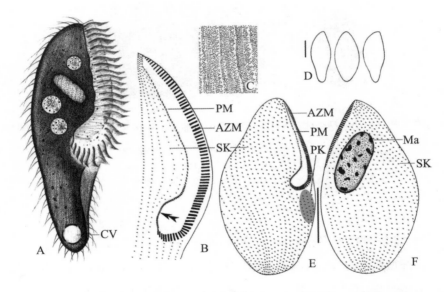

A. 东方赭纤虫的腹侧面观活体图；B. 口器结构，双无尾箭头展示口区小膜后1/3处的双动基系；C. 皮层颗粒；D. 不同体形展示；E、F. 纤毛图式及大核。AZM. 口围带；CV. 伸缩泡；Ma. 大核；PK. 口区纤毛列；PM. 口区小膜；SK. 体纤毛列。

比例尺：120 μm（A、D）；150 μm（E、F）。

图2-29 东方赭纤虫活体（A、C、D）和纤毛图式（B、E、F）

（引自Hao等，2022b）

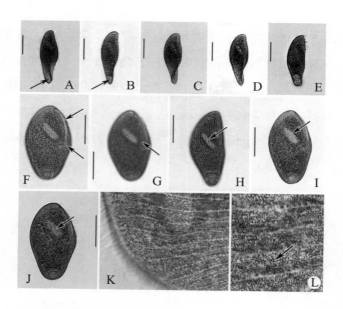

A–J. 东方赭纤虫的典型个体；A、B. 箭头显示伸缩泡；F. 箭头显示口围带；G. 箭头显示口区小膜；H–J. 箭头显示大核；K、L. 皮层颗粒。

比例尺：100 μm（A–E）；150 μm（F–J）。

图2-30　东方赭纤虫的活体显微图

（引自Hao等，2022b）

24. 中华赭纤虫 *Blepharisma sinicum* Hao et al., 2022

赭纤虫属。活体大小为（190～260）μm×（100～170）μm，体柔软且腹缘为不规则的"乙"状，双侧略微扁平，背缘弯曲。细胞质无色或浅灰色，内含食物泡。皮层颗粒淡紫色，呈球形，直径约0.8 μm，密布排列于体纤毛列之间。伸缩泡1枚，较大，直径30～50 μm，位于尾端。运动方式为在底质上缓慢滑爬行或偶尔游泳前进。口区长度占体长的60%～75%。口围带由53～82片小膜构成，每片小膜由2个长基体构成。口围带小膜纤毛长110～130 μm，波动膜纤毛长约65 μm，由双动基粒构成。25～29条体纤毛列，包括位于胞口左侧具2列不后行至尾端的体纤毛列片段。5～7条口后纤毛列。体纤毛列为典型的异毛类纤毛特征，即体纤毛发达且均由双动基系组成，体纤毛长度20～30 μm。在低倍镜下往往可见体胞质前端具较透亮的大核，2枚椭圆形结节，活体状态下约25 μm×22 μm，银染后约35 μm×30 μm，未见小核。在河流、湿地和湿地附近的农田水域处均可发现，富营养化水体中亦可发现。（图2-31、图2-32）

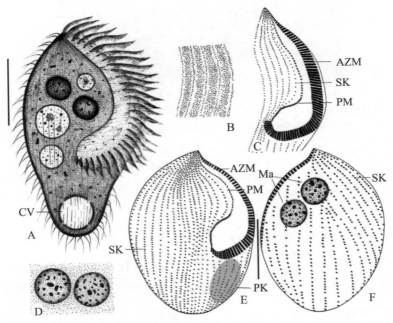

A. 中华赫纤虫活体腹侧面观；B. 皮层颗粒；C. 口器结构；D. 大核结构；E、F. 纤毛图式。AZM. 口围带；CV. 伸缩泡；Ma. 大核；PK. 口区纤毛列；PM. 口区小膜；SK. 体纤毛列。比例尺：100 μm（A）；110 μm（E、F）。

图2-31 中华赫纤虫活体（A、B、D）和纤毛图式（C、E、F）

（引自Hao等，2022b）

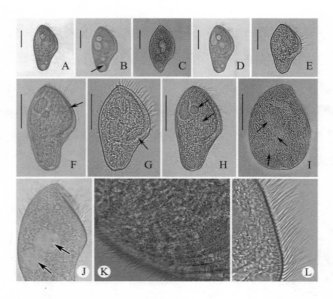

A-I. 中华赭纤虫的典型个体；B. 箭头显示伸缩泡；F、G. 箭头显示口区；H. 图中箭头
显示大核；I. 箭头显示食物泡；J-L. 细节结构；J. 箭头显示大核结构；K. 皮层颗粒；
L. 口纤毛。比例尺：70 μm（A-E）；90 μm（F-I）。

图2-32　中华赭纤虫活体显微图

（引自Hao等，2022b）

25. 扇形游仆虫 *Euplotes vannus*

游仆虫属。活体长90～140 μm，通常为具棱角的长方形（而非卵圆形），但外形可有较大的变化，在营养充分时虫体常变形为阔椭圆形，在左侧后部形成翼状突起，因此虫体而更为阔圆。胞口区较狭窄，长度约占体长的2/3；口围带包括约60片小膜，每片小膜明显较短，整个口围带在后部弯折成近直角，连接胞口（此为本种的特征之一）。背部不具明显的肋突。10根额-腹棘毛、2根缘棘毛、3～4根尾棘毛。背触毛9～10列。细胞核无特征，基本为带棱角的C形，后端形成加粗的末端。本种可在盐度大幅度变化的环境内存活并极易繁殖为水体内的优势种。（图2-33）

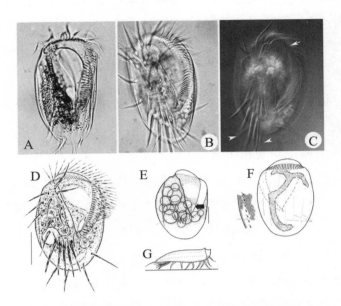

A–C. 扇形游仆虫活体图；D–G. 扇形游仆虫线条图。

图2-33　扇形游仆虫

（引自宋微波，2009）

第三节　淡水原生动物的应用研究

　　淡水原生动物是一类微小的生物，它们在生态系统中扮演着重要的角色。近年来，随着环境问题的日益突出，淡水原生动物的应用研究逐渐受到重视。

　　淡水原生动物在生态修复方面具有重要作用。一些原生动物可以分解有机物和有害物质，改善水质，提高水体的透明度。同时，它们还能够为其他水生生物提供栖息地和食物，增强水生生物的多样性。因此，在湖泊、河流等水域的生态修复工程中，常常会利用淡水原生动物来进行生态环境的改善。

淡水浮游原生动物是一类微小的水生生物，它们在生态系统中扮演着重要的角色，具有多种应用价值。

淡水浮游原生动物在生态修复方面具有重要作用。它们可以摄食细菌、有机碎屑和藻类等，有助于净化水质，提高水体的自净能力。同时，它们还能够为其他水生生物提供食物和栖息地，增强水生生物的多样性。因此，在湖泊、河流等水域的生态修复工程中，可以利用淡水浮游原生动物来进行生态环境的改善。

淡水浮游原生动物在水产养殖方面也具有应用价值。一些原生动物可以作为鱼类和其他水生生物的天然饵料，促进渔业生产。同时，它们还可以通过自身的代谢产物对水体中的有害物质进行降解和转化，进一步降低养殖污水的污染程度。

淡水浮游原生动物在科学研究中也有着广泛的应用。通过研究其种类组成、数量变化和生态学特征，可以了解水体的生态环境状况和变化趋势，为科学研究和环境保护提供重要的依据。同时，淡水浮游原生动物在生物监测方面也具有应用价值，可以作为水体污染的指示生物。

总之，淡水浮游原生动物在生态修复、水产养殖、科学研究和生物监测等方面都有着广泛的应用前景。未来，随着环境问题的不断加剧和人类对生态环境的关注度不断提高，淡水浮游原生动物的应用将会得到更多的关注。

第四节　淡水原生动物常见实验方法

一、采集与培养

1. 采集和种类统计方法

（1）直接采水：选择富含水生植物、富营养化的水体及有底层沉积物的浅水，将水及其中的植物、沉积物搅动后，用广口采样瓶（500 mL）直接舀取水样，使水样中适当含有一些沉积物、植物碎屑等。

（2）人工基质富集：选择有一定深度的水域，利用载玻片框或海绵块作为人工基质，将其悬挂于水体合适深度，富集1周左右后取回。载玻片框：将1至数片载玻片直接放入培养皿中观察；海绵块：反复挤压海绵块，将其吸收的水和富集的生物挤出至容器中，然后移至培养皿中静置观察。

（3）浮游生物网富集：选择有一定深度的开放水域，用孔径为20 μm左右的浮游生物网反复富集。将富集物装入广口瓶，带回实验室，倒入培养皿中，虫体密度过高时可稀释。该方法适用于采集少数浮游咽膜类。

（4）标识与记录：

标识：将永久性标签放于样品瓶内，记录采样地点、点位编号、日期、采集人姓名、固定液类型（注意：鲁哥氏液或其他碘固定液会使纸质标签变黑）等信息。同时，在样品瓶外侧标注采样地点、点位编号、日期与样品类型。

记录：在生境调查记录或浮游动物现场采样记录表中记录水体名称、采样位置、点位编号、采样日期、采集人姓名、采样方法及相关的生态信息。

采样完成后，在浮游动物样品登记表中记录下样品信息，方便核对。

（5）生物量和密度计算方法同第三章第四节。

2.分离虫体

将含有虫体的水样置于培养皿中，在解剖镜下，利用微吸管挑取目标虫体。

3.建立培养

（1）一般培养：在室温下，将麦粒或米粒置于干净的原位水中发酵产生细菌，之后接入目标虫体。视室内温度情况，可能需要数天时间才可见纤毛虫大量繁殖。

（2）快速培养：对于部分盾纤类，在煮沸后的水中加入牛肉浸膏（浓度约为30 g/L），然后接种入纤毛虫，放入26～28℃培养箱内培养。视接种浓度和物种的不同，可在24～48 h达到繁殖高峰。

二、活体观察

在解剖镜下直接观察培养皿中虫体运动特征（运动速度、体位变化、纤毛摆动等）；用微吸管吸取适量虫体进行活体压片，在显微镜下观察虫体细胞大小、外形、纤毛器（口纤毛、尾纤毛、刚毛等的长短、形态及黏附性、趋触性等特点）、皮层结构（棘刺、表膜隆起与缺刻，皮层颗粒/射出胞器）、伸缩泡（数目、位置、收缩周期、伸缩泡孔的数目位置、有无收集管等）、胞质情况（色素斑、特异性折光颗粒的位置形态，食物泡大小、分布特征、内含物等，结晶体、油球等胞质颗粒）等。

采用微吸管吸取法，取适量活体压片并观察，详细的压片方法参见Foissner（1991）。明视野和微分干涉模式下，用低倍物镜观察并记录虫体细胞大小、外形、纤毛器（口纤毛、尾纤毛、体纤毛等的长短、形态及黏附性、趋触性等特点）、伸缩泡（数目、位置、收缩周期、伸缩泡开孔的数目位置、有无收集管）等特征；在显微镜下详细观察皮层结构（棘刺、表膜隆起与缺刻，皮层颗粒/射出胞器）、胞质情况（色素斑、特异性折光颗粒的位置形态，食物泡大小、分布特征、内含物等，结晶体等胞质颗粒）以及核器（数目、形状和位置）等特征。利用显微镜的成像系统进行拍照，以获得活体特征信息。

三、蛋白银染色法

1. 实验仪器及试剂

（1）实验仪器：显微镜、电子恒温水浴锅、恒温磁力搅拌器、烘箱、电子分析天平、胚胎皿、小烧杯、一次性吸管、玻璃吸管、载玻片。

（2）试剂：蛋白胶、蒸馏水、二甲苯、无水乙醇、70%酒精、波恩溶液、亚硫酸钠（Na_2SO_3）、硫代硫酸钠（$Na_2S_2O_3$）、次氯酸钾（$KClO$）、次氯酸钠（$NaClO$）、氯化汞（$HgCl_2$）、商品蛋白银、中性树脂等。

2. 实验步骤

具体实验方法参照Wilbert（1975）与Pan（2013），其步骤如下：

（1）固定：微吸管吸取虫体于胚胎皿中，用波恩溶液或饱和氯化汞固定5～10 min。

（2）洗涤：蒸馏水洗3～4次（Bouin液以水洗至无色为准）。

（3）集中：用最细微的吸管小心地将虫体"吹"至胚胎皿中心。

（4）漂白：用微量0.1%～0.2%的次氯酸钠（或次氯酸钾）直接供至虫体处以漂白至"透明"（1～2 min）（用$HgCl_2$固定时，标本往往漂白效果略差）。

（5）清洗：蒸馏水洗2次（以清洗完全为度）。

（6）染色：将胚胎皿中蛋白银浓度控制在约0.5%（质量分数），加盖后于50～60℃的恒温箱中保持30～50 min（视不同种类的嗜染情况及虫体大小而调整时间）。

（7）显影与镜检：室温下用0.1%～0.2%（质量分数）的显影液显影1～5

min（温显）；胚胎皿中选取1~2个个体，进行光学显微镜镜检（以观察其染色效果）。

（8）定影：用5%（质量分数）的硫代硫酸钠定影约5 min。

（9）清洗与烘片：蒸馏水洗1次（此时应清洁虫体），将虫体转移到载玻片上，并与等量的蛋白胶混匀，用眉毛笔调整体位（在必要时，如需腹面朝上等）；除去余液，放置于烘箱内烘片约10 min。

（10）常规脱水封片：70%酒精—80%酒精—90%酒精—95%酒精—100%酒精—100%酒精—无水酒精和二甲苯混合液（体积比为1∶1）—二甲苯—二甲苯，以上过程每步2~5 min，其中在无水酒精中每步应不少于5 min，以确保彻底脱水。

（11）封片：将脱水后的载玻片取出后晾干，在虫体周围加一滴中性树脂并盖上盖玻片，置于恒温箱中烘24 h，得到永久制片。

四、氨银染色法

1. 实验仪器及试剂

（1）实验仪器：显微镜、莱卡显微镜、恒温磁力搅拌器、电子分析天平、通风橱、胚胎皿、小烧杯、一次性吸管、胶头滴管。

（2）试剂：硝酸银、碳酸钠、氨水、蒸馏水、吡啶（C_5H_5N）、10%福尔马林、蛋白胨等。

2. 实验步骤

具体实验方法参照Foissner（1991）与Ma（2003），其步骤如下：

（1）一次性吸管吸取3滴虫液于小烧杯（用浓硫酸洗液浸泡20 min后用蒸馏水冲洗）中。

（2）滴加3滴10%福尔马林固定5 min。

（3）向固定缸中加入同样滴数的Fernández-Galiano溶液（即保证虫体悬液、固定液、Fernández-Galiano溶液体积比为1∶1∶1）（Fernández-

Galiano溶液现用现配）。

（4）将固定缸盖上盖子，置于60℃恒温磁力搅拌器上加热，期间不停轻微晃动固定缸，使虫体着色均匀，并密切关注液体颜色变化；当混合液由无色变成浅黄色时，立即离开热源，到通风橱散热。

（5）镜检后，加入足量的5%定影液定影。

（6）水封片，于1 h内完成镜下观察、拍照及数据收集（一般来说，氨银染色永久制片效果较差）。

五、数据统计

利用Excel软件处理虫体长宽、口区长宽、体纤毛列数目、大核长宽等各项数据，得到其最大值、最小值、平均值、标准差、变异系数及样本数。

六、银染色法比较

对于盾纤类，一般应用蛋白银法（Wilbert，1975）和氨银法（Fernández-Galiano，1976；Ma等，2003）显示纤毛图式和核器，同时利用硝酸银法（Chatton-Lwoff，1930）显示银线系（银线网格、胞肛、伸缩泡孔、口肋、射出体）。

对于咽膜类纤毛虫，一般应用氨银法显示纤毛图式和核器，利用硝酸银法显示更细致的口纤毛器结构和银线系。因刺丝泡的干扰，若采用蛋白银法通常只能显示口区结构。

若采集的纤毛虫种类繁多，需针对不同的类群，采取不同的染色方式（蛋白银染色、氨银染色和银浸染色等）。

上述方法均可制成临时装片和永久制片，但氨银染色永久制片效果较差。

七、制片观察及绘图

在1000倍显微镜下观察临时或永久制片，利用目镜测微尺进行测量，利用显微绘图器辅助进行纤毛图式、核器特征、银线系的绘制。

观察要点：口区位置；口侧膜的形状及其起始与终止位置，3片小膜的毛基体构成、形状及相对位置（相对胞口、小膜及口侧膜等）；体纤毛列的数量、前后端延伸的位置、毛基体的分布规律（单双动基系的比例、排布紧密程度等）；银线系形态、射出体的排列规律、伸缩泡开孔的数量与位置及尾毛复合器的形态。

思考题

（1）名词解释：胞口、小膜、咽膜、盾片、射出体、银线系、大核和小核。

（2）简述淡水浮游原生动物的普遍形态和主要特征。

（3）绿草履虫的主要形态特征是什么？

（4）梨形四膜虫和贪食四膜虫的主要形态特征有哪些区别？

（5）关于四膜虫，有哪些前沿研究？

（6）刚毛榴弹虫的主要形态特征是什么？

（7）扇形游仆虫的主要形态特征是什么？有哪些前沿研究？

（8）哪些淡水原生动物是水产养殖病害种？

（9）哪些淡水原生动物在污染水域中存在？

第三章　轮虫

　　轮虫（rotifer），隶属于轮虫动物门（Rotifera），约有2000种。因其身体不分节且两侧对称，具有假体腔，被视为假体腔动物（pseudocoelomata）。轮虫生命周期短、生长发育较快，是水体中较为繁盛的类群，它们主要营固着生活和浮游生活。身体前端生有纤毛，形似轮盘，体长一般在100~2000 μm。主要特征是具有头冠、咀嚼囊和原肾管，身体分为头部、躯干部和足（有些种类无）3个部分。轮虫广泛存在于淡水水体中，少数在海水中，在淡水生态系统的物质循环和能量流动中扮演重要的角色，是淡水浮游动物的重要组成部分。轮虫是水生食物网中主要的初级消费者，以藻类和细菌为食，又可作为桡足类和水体中其他小型无脊椎动物的食物，能够快速地将物质和能量从初级生产者传递到次级消费者。轮虫是适应性比较强、易培育的小型浮游动物，是水产养殖动物前期生活阶段比较重要的生物开口饵料。例如，在水温和饵料都适宜的情况下，大面积繁殖的轮虫，可以在鱼、虾、蟹等人工育苗阶段被大量用作活饵料。在环境监测和生物毒理学研究中，轮虫也是较好的指示生物，常用于水环境监测。

　　轮虫中的真轮虫纲主要分为蛭态亚纲和单巢亚纲两大类群。蛭态亚纲为无性孤雌生殖（asexual parthenogenesis），单巢亚纲是典型的周期性孤雌生殖（cyclical parthenogenesis）。绝大多数轮虫是单独的个体，但也有群体。轮虫生殖策略较为独特，通常以孤雌生殖方式繁殖后代。轮虫栖息在苔藓、地衣、落叶等潮湿环境。如果栖息地完全干涸，它们就会收缩并开始休眠。在这种假死状态下，轮虫可以存活几个月甚至几年，当得到水分后，会在几个小时内迅速恢复活动。

术语：

咀嚼囊（mastax）：轮虫特有的消化器官，是轮虫咽部膨大结构，肌肉很发达，内含咀嚼器。

咀嚼器（trophi）：由7块非常坚硬的几丁质的咀嚼板组成，含有砧板和槌板。食物被咀嚼器磨碎。有些轮虫的咀嚼器可以伸出口外摄食。

纤毛带（ciliary band）：头冠边缘生有2圈纤毛，里面的一圈较为粗壮，称纤毛带。

纤毛环（ciliary ring）：头冠边缘生有2圈纤毛，外面的一圈较细弱，称纤毛环。

被甲（lorica）：躯干部被透明光滑的结构所包围，称为被甲。

焰茎球（flame bulb）：原肾管末端结构。焰茎球内部具有细长鞭状至三角形的颤膜，颤膜由许多纤毛组成，经常不断地颤动，如同火焰。

原肾管（protonephridium）：轮虫的排泄器官，末端有焰茎球，吸收水和废物。

背触手（dorsal tentacle）：背触手为轮虫身体上能动的乳头状或短棒状突出结构。

趾（toes）：轮虫足上具有的结构，趾的长短和数目可以作为轮虫分类的依据。

第一节 轮虫主要特征和形态结构

一、轮虫主要形态特征

（1）轮虫的头部前端扩大成盘状，是一个特殊的纤毛区域，称头冠。头冠是运动和摄食的器官。纤毛的旋转带动水体流动，使得悬浮食物如藻类、细菌和有机碎屑等进入轮虫口中。身体其他部分没有纤毛，仅在身体头部前端具有纤毛，因此，轮虫主要特征之一是具有纤毛环的头冠。轮虫的头冠类型可以作为分类依据。

（2）消化道的咽部膨大，为肌肉很发达的咀嚼囊。咀嚼囊内具有咀嚼器。轮虫咀嚼器有多种类型，对分类及系统发育有指示作用。有些轮虫的咀嚼器可以伸出口外摄食，大部分种类的咀嚼器十分微小且脆弱，须经扫描电镜观察其清晰的结构。

（3）体腔两旁有一对原肾管，其末端有焰茎球。

二、外部特征

轮虫的体形变化很大，呈囊状至圆柱形，有时呈蠕虫状。许多物种中，尤其是蛭态轮虫，身体可以弯曲或缩短。轮虫全身包以淡黄色或乳白色表皮。轮虫外部形态上可分为头部、躯干部和足部（图3-1）。

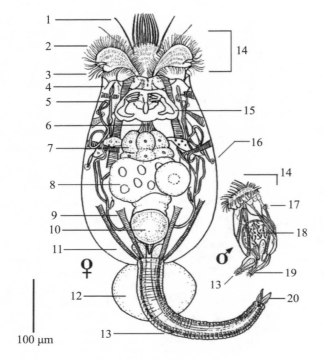

1. 感觉纤毛；2. 头冠纤毛；
3. 纤毛带；4. 被甲；
5. 原肾管；6. 食道；7. 胃；
8. 卵黄腺；9. 肌肉；
10. 膀胱；11. 假体腔；
12. 胚胎（卵）；13. 足；
14. 头冠；15. 口器；
16. 躯干；17. 触须；
18. 睾丸（内有精子）；
19. 生殖器；20. 趾。

图3-1　轮虫外部结构

引自（Wallace和Snell，
2010）

（一）头部

不同种类的轮虫，前端的形状有相当大的差异。头部具有头冠，又称为轮盘。头冠的形式是轮虫分类的重要依据之一。轮虫有多种不同类型的头冠（图3-2），但不能仅依靠头冠形态进行种类鉴定。几乎所有轮虫物种都以某种方式利用头冠来摄食。轮虫的纤毛环结构还负责运动。但并非所有的轮虫都具有纤毛环的头冠。头冠基本形态为漏斗形，口位于漏斗的底部，其边缘生有2圈纤毛：里面的一圈较为粗壮，称纤毛环；外面的一圈较细弱，称纤毛带。如果存在纤毛，且纤毛较少，刚毛围绕着漏斗状结构的边缘，该结构称为漏斗（infundibulum）。这些刚毛可以防止猎物逃跑。头冠的环形或轮状结构，使轮虫在形态上类似于一个旋转的轮子，因此，早期的显微镜学家，将其命名为"轮虫"。

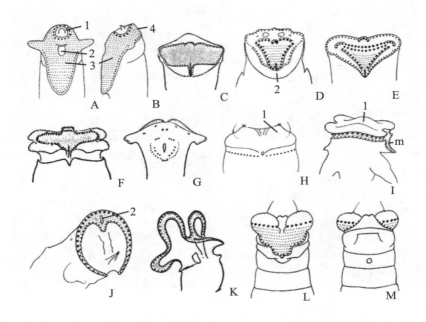

A—K为单巢纲；L和M为蛭态亚纲。A. 椎轮虫属腹面；B. 椎轮虫属背面；C、D. 须足轮虫型；E. 水轮属；F. 臂尾轮虫属；G. 疣毛轮虫属；H. 晶囊轮虫；I. 巨腕轮虫属；J. 聚花轮虫属；K. 簇轮虫；L. 粗颈轮属腹面；M. 粗颈轮属背面。

大圆点为轮器，中圆点为纤毛带，小圆点为环顶纤毛带。

1. 盘状顶区；2. 口；3. 口漏斗区；4. 环顶纤毛带。

图3-2　不同轮虫头冠类型

（引自Fontaneto等，2015）

（二）头冠的主要类型

轮虫头冠类型可见图3-2。轮虫头冠扫描电镜图见图3-3。

（1）轮虫型：也称双轮形，头冠分左右对称的2叶，2个头冠各有一短"柄"。

（2）须足轮虫型：头冠周围有1圈较长而发达的尾顶纤毛，口围区上半部缩小，口围区边缘纤毛变成粗壮的刚毛。口与肛毛之间大部分纤毛较短或消失，这1圈粗壮的刚毛就变为口围区突出的部分，称为假轮环。

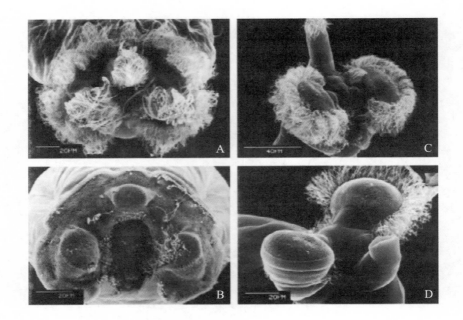

A. 褶皱臂尾轮虫；B. 褶皱臂尾轮虫去掉纤毛；C. *Rotaria macrura*；D. *Rotaria macrura*
轮虫去掉纤毛。

图3-3 不同轮虫头冠扫描电镜

（引自Melone，1998）

（3）猪吻轮虫型：口围区的纤毛发达，头部腹侧形成椭圆形的1片纤毛区。

（4）巨腕轮虫型：围顶带纤毛长而发达，形成2圈发达的纤毛环，口和围口区位于2圈纤毛环之间腹面的下垂部分。

（5）晶囊轮虫型：头冠宽阔，口孔附近有不发达的纤毛，头冠周围有1圈相当发达的纤毛，这圈纤毛在背、腹中央均间断，形成不连续的纤毛环。

（6）聚花轮虫型：围顶带面向前方，没有绕过头冠腹面，纤毛环成马蹄形，口靠近背面，不在腹面。

（7）胶鞘轮虫型：整个头冠向四周张开成宽阔漏斗状，成为捕食陷阱，通常有1、3、5或7个突出的裂片，裂片上有粗的刺毛，但是不会摆动。

（三）躯干部

躯干部是轮虫身体最长、最大的部分。轮虫的躯干部一般腹面扁平，或者表现为不同程度的凹入，背面大多有隆起或突出。皮层已高度硬化而形成被甲的种类，被甲上往往具有脊状的突出或刺。有些种类无被甲。

（四）足部

足部通常从身体腹侧延伸，通常有2个趾，有的种类无趾，有的种类有3个或4个趾。浮游类群通常无足。足也可能具有足腺，其导管在趾附近。这些腺体分泌黏液，使得轮虫能暂时附着在物体表面。

三、内部结构

轮虫体内有一个通常称为假体腔的内脏周围腔，其中有消化系统、肌肉系统、排泄系统、神经系统和感觉器官、生殖系统。

（一）消化系统

轮虫的消化系统包括口、咽、咀嚼囊、食道、胃、肠和泄殖腔。

1）口：漏斗状。除了聚花轮虫之外，其他轮虫口位于头部的腹面。

2）咽：内壁具有纤毛。

3）咀嚼囊：咀嚼囊具有厚的肌肉壁，其内具有咀嚼器，该结构是轮虫特有的构造。食物由咀嚼囊处理。咀嚼囊具有发达的肌肉壁，形成一组半透明的颚或咀嚼器。咀嚼器由几丁质构成。在食物通过食道进入胃之前，不同种类的咀嚼器消化食物的方式有差异。在萎缩性轮虫和胶体轮虫中，咀嚼囊的一部分扩大为被称为前室的食物储存器官。咀嚼囊通向食道，然后进入胃。

咀嚼器的构造：

（1）槌型咀嚼器（malleate trophi）。槌钩弯转，中央部分裂成几个（一般5个左右）尖头或箭头状的长条齿，横置在砧枝之上。通过左右槌钩运动，槌型的咀嚼器不断地进行咀嚼。臂尾轮科包括的种类最多，所有这一科种类的咀嚼器都为槌型。具有槌型咀嚼器的轮虫，头冠往往为须足轮虫型。

（2）杖型咀嚼器（virgate trophi）。砧基和槌柄都细长，呈棍棒状或杖形。砧枝呈宽阔的三角形。这一类型的咀嚼器具有非常发达的腹咽肌肉。槌钩能伸出口外，攫取食物将其咬碎。腹咽肌肉的动作可将食物的内含物尽量吸入轮虫的消化管道之中。具有杖型咀嚼器的轮虫，一般都是相当凶猛的种类。如鼠轮科、疣毛轮科及腹尾轮科，它们的头冠都为晶囊轮虫型，以攫取其他浮游生物而吮吸其身体内部物质为食的方式摄食。

（3）钳型咀嚼器（forcipate trophi）。槌柄很长，砧基则较短，左右砧枝特别长，或多或少弯转而形成钳型。砧枝内侧又往往有一系列的锯齿或其他型式的齿。这一型式的咀嚼器只限于猪吻轮虫。猪吻轮虫主要营底栖生活方式，在爬行或浮游遇到可以吞食的食物时，咀嚼器能够完全伸出口外，攫取食物。

（4）砧型咀嚼器（incudate trophi）。砧型咀嚼器也像钳型，但砧枝是它特别发达的部分。左右砧枝内侧也有刺状的突出，但绝不会有一系列密集的锯齿。砧基已经缩短，槌柄已退化，只留一些痕迹。砧型咀嚼器只限于晶囊科，该科轮虫十分凶猛，咀嚼器可以突然伸出口外。

（5）梳型咀嚼器（cardate trophi）。梳型咀嚼器砧板呈提琴型，槌柄复杂，中部分出一个月牙形的枝，前咽片往往比槌钩发达。取食的方法以吮吸为主，咀嚼器上没有腹咽肌肉，吸收的任务靠槌钩的动作完成。

（6）槌枝型咀嚼器（malleoramate trophi）。这一类型的咀嚼器槌沟由密集排列在一起的长条齿组成，槌柄短而宽，显著地隔成3段。砧基短而粗壮，左右砧枝均呈长三角形，内侧具有锯齿。具有这一类型咀嚼器的轮虫可在水中造成漩涡，使悬浮在水中的微小生物或有机碎片沉入底部，进入轮虫口中。

（7）枝型咀嚼器（ramate trophi）。枝型咀嚼器和槌枝型咀嚼器相当类似。砧基和槌柄已高度退化，而且左右砧枝已缩小，变成三棱形的长条，槌钩发达。这种咀嚼器适用于取食沉淀食物。

（8）钩型咀嚼器（uncinate trophi）。砧基和槌柄高度退化，砧枝则相当发达。槌钩由极少数长条箭头状的齿所组成，有很发达的副槌钩，把槌钩和砧枝紧密地联络起来。胶鞘轮虫可以撕碎陷入其漏斗状头冠的大型食物，这一动作靠咀嚼囊内槌钩的运动完成。

4）食道：管状。

5）胃：膨大，食物由食道进入胃。

6）肠：稍细，大多数种类都有肠道。大多数种类都有肠道和肛门，但在某些属（例如晶囊轮属）中，肠道的末端是一个盲胃。泄殖腔接收来自输卵管的卵子和来自膀胱或直接来自成对的原肾管的液体。肠道通常是有色素的，这取决于最近摄入物质的性质。有时，在同一样本中发现的不同物种可能由于饮食偏好而具有不同颜色的肠道。肛门，即泄殖孔，具有排泄、排废和排卵的作用，有些种类没有肛门。

7）泄殖腔（孔）：肠直通泄殖腔。泄殖腔具有排泄、排废和排卵的作用。

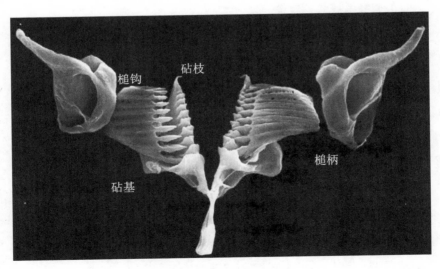

图3-4　轮虫的咀嚼器构造

（引自Wallace等，2010）

（二）肌肉系统

轮虫的肌肉系统非常发达，这些肌肉紧密地排列在表皮下面，形成环形肌和纵长肌。环形肌收缩的时候，身体会伸长。轮虫的内脏中也有肌肉，尤其是在咀嚼囊和胃中。每一皮下纵长肌是由肌肉纤维所组成的或宽或狭的带，与身体的长度平行，总是在环形肌的下面交错通过。所有这些纵长肌的功用，主要是为了前端头部和头冠及后端的足能够缩入躯干部。

（三）排泄系统

轮虫排泄系统主要有原肾管和膀胱。

（1）原肾管：位于身体两侧，类型随种类有异。原肾管末端具有焰茎球。焰茎球内部具有细长鞭状至三角形的由许多纤毛组成的颤膜。颤膜不断地颤动，如同火焰。有些种类的焰茎球数量多，例如西氏晶囊轮虫的焰茎球比较密集。

（2）膀胱：正常情况下，原肾管帮助吸收水和废物，水和废物流入膀胱，到达泄殖腔。有些物种没有膀胱，由可收缩的泄殖腔承担相应功能。

（四）神经系统和感觉器官

轮虫的神经系统包括脑神经节或脑。感觉器官为触手和眼点，此外还包括头冠和触手上的感觉刚毛等。从脑分出若干条或若干对神经到眼点、吻、背触手以及头冠上的感觉刚毛。背触手为能动的乳头状或短棒状突出。有些轮虫一生都保留着眼点，无柄的轮虫在永久附着在基质上后会失去眼点。

（五）生殖系统

轮虫为雌雄异体，但是雌性居多，雄性个体仅在短期内生存，因此很少见到。有趣的是，肠道可以为快速游动、不进食的雄性轮虫提供能量来源。雌性生殖系统，除了蛭态目之外，都是一个卵巢，即卵黄腺外包一层薄膜形成的囊状结构。完全成熟的卵通过输卵管到达泄殖腔。雄性生殖系统包括精巢、输精管和交配器。

（六）轮虫的发育和生殖

轮虫生活史见图3-5。大多数轮虫是卵生的，它们将卵排出体外，胚胎在体外发育。通常情况下，轮虫都由雌性进行孤雌生殖。这些雌体称为不混交雌体（第一种类型），它们所产的卵都是非需精卵（又称为夏卵），此时，染色体为2n。卵细胞成熟过程中不经过减数分裂。第二种类型叫作混交雌体（2n），这些雌体在面对不利的环境条件或环境剧烈改变时才会出现。混交雌体都经过减数分裂。只有混交雌体产生的卵才能受精，因此被称为需精卵。需精卵如果不经过受精，就马上发育而孵化出雄体。一旦经过受精，就必须进入休眠阶段，等到外界环境恢复到适合轮虫生存时，休眠卵才孵化出不混交雌体。休眠卵也称冬卵，即受精卵，由需精卵受精产生，会分泌一层比较厚的卵壳以抵御外界不良环境。休眠卵的产生对轮虫的分布、繁衍具有较大意义。

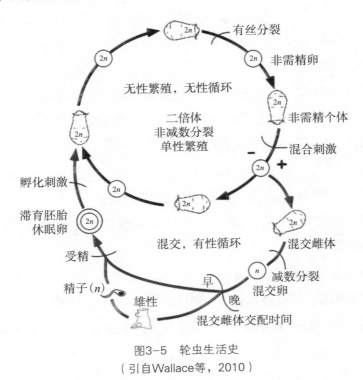

图3-5　轮虫生活史

（引自Wallace等，2010）

第二节　轮虫的分类及淡水代表动物

一、轮虫的分类系统

轮虫形态结构特殊，对其分类颇有争议，长期以来，对轮虫在动物界中的分类地位和与其他无脊椎动物的关系意见不统一，曾将其列为线形动物门（Nemathelminthes）的轮虫纲（Rotifera）。有的学者把这类假体腔动物称为原体腔动物门。现在很多学者将轮虫单独列为轮虫动物门。对于传统分类学在轮虫分类学研究上的难题，现代分类学引进了先进的研究方法，如利用计算机技术来分析传统形态学分类数据，利用分子生物学技术进行系统分类学研究，利用扫描电镜观察形态细节的形态分类学研究。经过不断变化和完善，目前较为经典且广为接受和使用的是Koste在1978年提出的分类系统。现在的分类系统与Koste的分类系统相比，只在个别科、属、种有所变化，并加入了许多新发现的轮虫新种。

轮虫动物门（Phylum Rotifera）分为2个亚纲：尾盘亚纲（Seisona）和真轮虫亚纲。本书仅介绍真轮虫亚纲中的典型种类。

真轮虫亚纲卵巢具有卵黄腺，又按卵巢的数目分成2个总目，即蛭态总目和单巢总目。

1. 蛭态总目（Bdelloidea）

具有2个卵巢，咀嚼器为枝型，足0~4趾，足腺发达，无雄性个体被发现。有4科：宿轮科（Habrotrochidae）、旋轮科（Philodinidea）、Philodinavidae、盘网轮科（Adinetidae）。

2. 单巢总目（Monogonota）

卵巢单个，咀嚼器非枝型。很多种类发现有雄性个体。根据头冠和口器的类型分为2个总目。

（1）Pseudotrocha亚目：下有1目，游泳目。足有或无，如有足，趾1个或1对，头冠有臂尾轮型、水轮型、晶囊轮型、疣毛轮型等，口器的类型有槌型、钳型、杖型、梳型。有23科（其中部分图片见图3-6）：Asciaporrectidae、晶囊轮科（Asplanchnidae）、毕克轮科（Birgeidae）、臂尾轮科（Brachionidae）、Clariaidae、Cotylegaleatidae、猪吻轮科（Dicranophoridae）、水轮科（Epiphanidae）、须足轮科（Euchlanidae）、腹足轮科（Gastropodidae）、Ituridae、腔轮科（Lecanidae）、鞍甲轮科（Lepadellidae）、柔轮科（Lindiidae）、小足轮科（Microcodidae）、棘管轮科（Mytilinidae）、椎轮科（Notommatidae）、前翼轮科（Proalidae）、高乔轮科（Scaridiidae）、疣毛轮科（Synchaetidae）、Tetrasiphonidae、异尾轮科（Trichocercidae）、鬼轮科（Trichotriidae）。

（2）神轮亚目（Gnesiotrocha）：头冠胶鞘轮型、六腕轮型或聚花轮型等，足均无趾，咀嚼器类型为钩型或槌枝型。分2目。

簇轮目（Flosculariaceae）：头冠呈六腕轮虫型或聚花轮虫型，咀嚼器槌枝形，无趾，单体或群体生活。有5科：聚花轮科（Conochilidae）、簇轮科（Flosculariidae）、六腕轮科（Hexarthidae）、镜轮科（Testudinellidae）、球轮科（Trochosphaeridae）。

胶鞘轮目（Collothecaceae）：头冠呈胶鞘轮型，咀嚼器钩型，足无趾，营固着或自由生活。有2科：无轮科（Atrochidae）、胶鞘轮科（Collothecidae）。

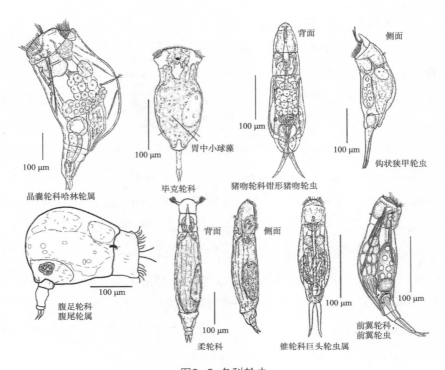

图3-6 各科轮虫

（引自Chengalath, 1985; Harring和Myers, 1922; Harring和Myers, 1924; Koste, 1978）

二、蛭态总目（Bdelloidea）典型代表动物

大多数物种长度在200～500 μm，但是一些物种如长足轮虫（*Rotaria neptunia*）长度超过1 mm，具有伪体节（pseudosegment），虫体遇到外界不适刺激后瞬间进行套筒式回缩，成桶状或圆球状。身体柔软，无被甲，大多数表皮无色透明。未发现雄性蛭态轮虫。蛭态轮虫基本形态见图3-7。该总目代表科为旋轮科（Philodinidea）。

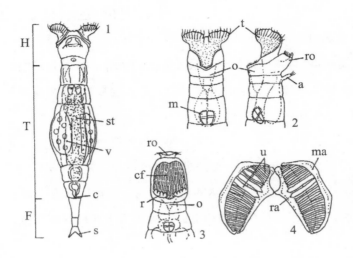

1.一般解剖形态（背视图）；2.头和躯干前部的蛭态轮虫（旋轮属），腹侧视图（左）和侧视图（右）；3.头和躯干前部的蛭态轮虫（盘网轮属）腹面观；4.枝型咀嚼器。H.头部；T.躯干；F.足部；a.背触手；t.泄殖腔；cf.纤毛区；m.咀嚼囊；ma.柄；O.食管；r.耙；ra.枝；ro.喙；s.足刺；st.胃；t.轮器；u.钩；v.卵黄腺。

图3-7　蛭态轮虫基本形态
（引自Ricci和Melone，2000）

1. 旋轮虫属（*Philodina*）

旋轮虫属眼点1对，总是位于背触手之后的脑的背面，较大且明显。整个身体，特别是躯干部分比轮虫属短而粗壮，躯干和足之间有明确的界限。足末端具4趾。在池塘和浅水湖泊中常见。（图3-8A）

红眼旋轮虫（*P. erythrophthalma*）：身体纵长，呈纺锤形，无色或者透明，皮层光滑，有明显的纵长条纹。眼点1对，呈粉红色。咀嚼器为枝型。

2. 轮虫属（*Rotaria*）

轮虫属眼点1对，总是位于背触手前面的吻部。有时眼点的红色素会减退而消失。整个身体比旋轮虫属细而长。足末端有3趾。在池塘和浅水湖泊中常见。（图3-8B）

转轮虫（*R. rotatoria*）：身体完全伸直时细长，呈乳白色，不甚透明，但周身很光滑。头部当头盘完全张开时，比较宽阔。躯干5～6节，围绕2个轮盘的周围各有一圈比较长而发达的轮环纤毛，头盘后端有一圈相当短的腰环纤毛。吻短，眼点1对，在吻的上面，眼点后半部呈现深红色。咀嚼器为枝型。

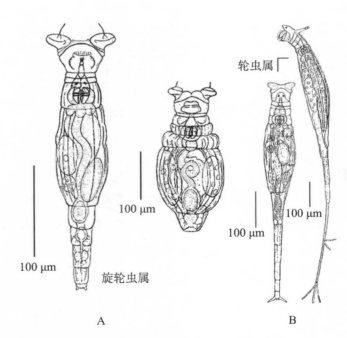

图3-8　旋轮虫属（A）和轮虫属（B）

（引自Koste, 1978）

三、单巢总目（Monogonota）典型代表动物

单巢总目的基本特征是卵巢单个，咀嚼器非枝型，足有或无趾，雄体有发生。根据头冠和口器的类型分为3个科。

（一）晶囊轮科（Asplanchnidae）

本科代表属为晶囊轮虫属（*Asplanchna*）。

身体透明呈囊状，略像一个灯泡。咀嚼器为典型的砧型，可以转动，伸出口外攫取食物。消化系统中没有肠和肛门，胃相当发达，胃部不能消化的食物经口吐出。后端浑圆，无足和趾。卵胎生。典型的浮游种类。

（1）西氏晶囊轮虫（*A.sieboldi*）：身体透明，呈不规则的囊带状，身体两侧和腹面没有翼状或瘤状突出。原肾管上的焰茎球密集。咀嚼器为砧型。为广布种和常见种。（图3-9A）

（2）前节晶囊轮虫（*A. priodonta*）：身体透明，呈囊带状，身体两侧和腹面没有翼状或瘤状突出，卵巢和卵黄腺为球形，砧枝内侧边缘具4～16个大小不一的锯齿。（图3-9B）

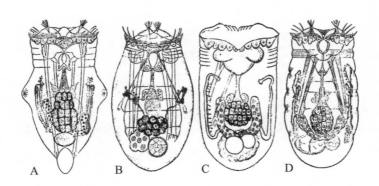

A. 西氏晶囊轮虫；B. 前节晶囊轮虫；C. 卜氏晶囊轮虫；
D. 盖氏晶囊轮虫。

图3-9　晶囊轮虫属代表动物

（引自王家楫，1961）

（3）卜氏晶囊轮虫（*A.brightwelli*）：身体透明，呈囊带状或钟形，身体两侧和腹面没有翼状或瘤状突出，原肾管中焰茎球数量少。咀嚼器为砧型。为广布种和常见种。（图3-9C）

（4）盖氏晶囊轮虫（*A.girodi*）：身体透明，呈囊带形，砧枝内侧边缘光滑、无锯齿。容易与卜氏晶囊轮虫混淆。在沼泽、池塘及浅水湖泊常见。（图3-9D）

（二）臂尾轮科（Brachionidae）

1. 鞍甲轮属（*Lepadella*）

被甲背腹面扁平，身体轮廓呈圆形、卵圆形、近卵圆形或梨形；被甲和腹甲除了前端孔口和后端的足孔外，在四周边缘完全愈合在一起。头部的最前端也有一钩状小甲片，在游动时盖住头冠。被甲隆起、光滑。被甲的边缘在某些种类中向外延伸出翼状结构。趾1对，

背面

图3-10　鞍甲轮属
（引自Wallace和Snell，2010）

或短或如针状细长，等长或不等长。咀嚼器槌型。底栖，生活于沉水植物间。（图3-10）

盘状鞍甲轮虫（*L. patella*）：被甲轮廓变异较大，呈卵圆形、长卵形成圆形，被甲隆起，腹甲扁平。头孔背凹为宽阔的U形，深度约为宽度的1/2。腹凹近似V形，两侧稍向外弯曲，底部钝圆。背颈圈和腹颈圈都相当发达。具明显的点刻，点刻在中央很深，向两侧逐渐消失。足沟两侧接近平直且平行，或略呈卵圆形。后端凹入较浅，凹入两旁有时形成圆角，有时则形成尖角。足沟边缘逐渐弯转，和腹甲融合而消失。足比较粗壮，趾1对，趾的长度约为被甲长的1/3。为广布种，在河流和湖泊中均可发现。

2. 臂尾轮虫属（*Brachionus*）

臂尾轮虫被甲宽阔，一般被甲隆起，腹甲扁平。身体前端具1～3对棘刺，有的种类身体后端也具棘刺。身体具有足，足长且不分节，足可伸缩摆动。具2个趾，趾较短。口冠须足型。咀嚼器槌型。本属多为喜温性种类，在热带及亚热带地区种类多样性高，适于硬水和富营养水体，酸性水体中种类较少。多为半浮游种类，少数真正营浮游生活。一些种类在生物和环境因子的影响下，会产生形态多态性，如萼花臂尾轮虫、褶皱臂尾轮虫、方形臂尾轮虫等。萼花臂尾轮虫和褶皱臂尾轮虫具有较好的饵料价值。（图3-11）

（1）萼花臂尾轮虫（*B. calyciflorus*）：被甲前端具4根棘刺，前棘刺近等长或中间2根稍长，侧棘刺左右各1根，被甲后端无棘刺。是常见种和广布种。具有饵料价值。

（2）镰状臂尾轮虫（*B. falcatus*）：被甲前端具6根棘刺，中棘刺特别长而发达，且长度多变，向内弯曲，呈镰刀状。后端棘刺长且向内弯曲，有时其尾部略向外弯曲。被甲常有瘤状突起。

（3）褶皱臂尾轮虫（*B. plicatilis*）：被甲柔软，前端具6根棘刺，棘刺基部宽。形状和大小多变。广泛分布在海洋、咸水水体或碱性水体中，对盐度耐受性较强。具有饵料价值。

（4）方形臂尾轮虫（*B. quadridentatus*）：被甲前端具6根棘刺，中棘刺最长且向内弯，后棘刺平直或向内弯。被甲形状变化大。被甲和腹甲上都具纹饰。为广布种和常见种。

（5）壶状臂尾轮虫（*B. urceolaris*）：被甲椭圆形，基部较窄，前端具6根棘刺，棘刺两侧对称。足孔近圆形或矩形。为广布种，常见于池塘、湖泊和江河中，一般近岸较多。具有饵料价值。

（6）剪形臂尾轮虫（*B. forficula*）：被甲前端具4根棘刺，前侧棘刺长且向内弯曲，前中棘刺较短，后棘刺粗壮，后棘刺长似剪刀。被甲表面略有颗粒突起，小型水体中常见。

（7）角突臂尾轮虫（*B. angularis*）：身体近圆形，前端只有1对中央棘刺，其他的前端棘刺和后端棘刺均退化。为常见种和广布种。各水体均可见到，在一些小池塘中常形成优势种。

（8）裂足臂尾轮虫（*B. diversicornis*）：被甲长度大于宽度。有可伸缩的长足，足1/4处裂开分叉，分叉末端各具1对钩状趾。为常见种和广布种。

（9）角突臂尾轮虫（*B. angularis*）：身体前端只有1对中央棘刺，其他的棘刺退化。足孔呈马蹄形，两侧或有突起。为常见种和广布种。

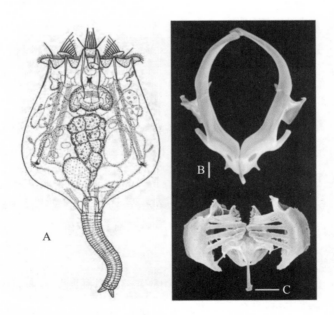

A. 臂尾轮虫属图；B. 砧型咀嚼器；C. 槌枝型咀嚼器。

图3-11　臂尾轮虫属

（引自Hendrik，2008）

3. 犀轮虫属（*Rhinoglena*）

犀轮虫属身体不能蠕动，头冠伸出1个很长的鼻状突起，上有1对明显的眼点；足短，趾2个；口位于漏斗状的口区后端；个体大，无被甲。耐低温，是冷水鱼或其他低温水体繁殖水生生物苗种的优良饵料。

前额犀轮虫（*R. frontalis*）：身体圆锥形，头部较宽，有1个结构复杂的头冠。前端头冠上具1个如意状的吻，吻突出的顶端光滑，没有纤毛。躯干后端尖削。足短，紧接于躯干的后半部。趾1对，很小，紧密地并列在一起。时常螺旋形游动。分布在湖泊和流动性低的小河等，常常在春季暴发式地繁殖。（图3-12）

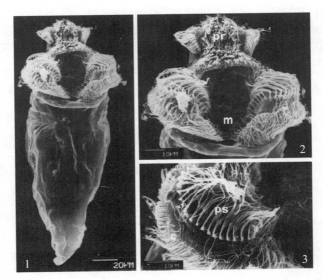

1. 一般腹侧视图。2. 腹侧位头部和冠状；m. 口；pr. 喙。3. 头冠的右叶；
c. 纤毛带；ps. 伪轮盘。

图3-12 前额犀轮虫扫描电镜图

（引自Melone，2001）

4. 水轮虫属（*Epiphanes*）

水轮虫属身体呈圆锥形、圆柱形或囊形，无被甲；趾短，足分节或似臂尾轮虫样具许多紧密环形沟纹。头冠为较短的漏斗形口。咀嚼器为槌型。眼点1个，深红色或无色。

锥尾水轮虫（*E. senta*）：身体呈长圆锥形。躯干后半部尖削。因为体壁内有环纹肌，腹面观多为方形。腹部有紧缩而成的"假节"。足比较宽阔且短。趾1对，比较短，呈锥形。在实验室观察到雄性体长约为雌性体长的1/2。为广布种，主要营底栖生活，也可以营浮游生活。

5. 叶轮属（*Notholca*）

前棘6根；被甲具纵向条纹；营浮游生活。

（1）尖削叶轮虫（*N. acuminate*）：被甲透明，卵圆形或近纺锤形，背面有9或10根很明显的纵长条纹。被甲最宽处位于中部，自中部显著地向后瘦削，形成一个尖的三角形或钝圆形。背面稍稍隆起，腹面扁平或稍凹入。被甲前端边缘具6个棘刺，中间2个最长且粗，最外侧棘刺最短小。咀嚼器为槌型。眼点较大，背触手大而显著，膀胱大而发达。为广布种。（图3-13A）

（2）鳞状叶轮虫（*N. squamula*）：被甲透明，背面有10或12根很明显的纵长条纹。被甲形状为宽阔的卵圆形，最宽阔处位于中部或后半部。被甲前端具6个短的棘刺，且棘刺几乎等长。腹面前端孔口边缘呈波浪式起伏，中央部分下沉较明显，形成一个显著的凹痕。咀嚼器为槌型。眼点1个。背触手大而显著，膀胱大而发达。为冷水种，往往在冬季出现。（图3-13B）

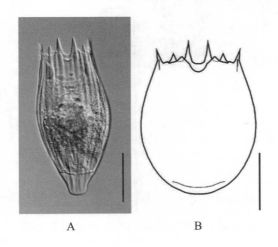

A. 尖削叶轮虫；B. 鳞状叶轮虫。
比例尺：50 μm。
图3-13　叶轮属代表动物
（引自Wallace等，2010）

A　　　　　　B

（3）唇形叶轮虫（*N. labis*）：被甲透明，被甲上有少数纵条纹。被甲形状为宽阔的卵圆形，被甲最宽处位于后端或靠近后端。背腹面较为扁平，背面隆起而突出，腹面接近平直。尾端具一短而粗的圆柄状突出。具有假轮环和3个棒状突起。被甲背面有6个短的棘刺，中间2个最粗而长，外侧2个极短。腹面前端孔口边缘呈波浪式起伏，中央部分下沉较明显，形成一个显著的凹痕。咀嚼器为槌型。眼点1个，背触手大而显著，膀胱大而发达。为常见种，在寒冷季节比夏季多。

6. 龟甲轮虫属（*Keratella*）

龟甲轮虫属被甲略呈长方形、梯形或卵圆形。被甲隆起，腹甲扁平。被甲上有各种形状和排列不同线条，表面被规则地隔成多个小块。被甲前端具6个棘刺，棘刺直或者弯曲。后端或光滑浑圆，或具1至2根棘刺。无足和趾。具有红色眼点1个。咀嚼器槌型。分布较广。龟甲轮虫是典型的浮游种类，在沼泽、湖泊等水体有分布。

（1）螺形龟甲轮虫（*K. cochlearis*）：被甲前端具6个棘刺。被甲后端有1根脊状突起，季节周期影响这根棘刺的长度。被甲中央有一直线棱脊状的凸起，背上被凸出的线条分隔成11块两侧均称的小片。广布种。最常见的种类之一。

（2）矩形龟甲轮虫（*K. quadrata*）：被甲的最宽处位于体后端，前端完全封闭的中龟板略呈六边形，龟板末端有2根侧线。常见种，广布种。

（三）三肢轮科（Filiniidae）

三肢轮虫属（*Filinia*）

身体没有被甲，柔软，体呈卵圆形和囊袋形。身体前端有3根比较长的附肢。2根能动的前肢长度是身体长度的2～4倍。营浮游生活。（图3-14A）

（1）长三肢轮虫（*F. longiseta*）：身体透明，呈卵圆形，有3根鞭状或粗刚毛状的长肢。2根能动的前肢很长，每一根前肢的长度是身体长度的2～4倍。一根后肢自躯干腹面射出，基部比较粗壮，但不能像前肢一样自由活动，长度是身体长度的2倍，但比2根前肢要短。长三肢轮虫头冠围顶带不下垂。3根肢上长满很小的刺，使其在游泳或者跳跃时更容易攫取周围的食物。与其他三肢轮虫的区别主要是，长三肢轮虫头冠围顶带不下垂，以及2根能动的前肢长度不同，后肢自躯干腹面或最后端射出。为常见种和广布种，各种水体都可发现，在沼泽、池塘和湖泊中常见。

（2）迈氏三肢轮虫（*F. maior*）：身体透明，呈卵圆形，但是长肢没有长三肢轮虫粗壮。有3条鞭状或粗刚毛状的长肢。2条前肢自躯干最前端与头部相连处的左右两侧生出，基部膨大。除了可以游泳外，还可以突然跳跃。前肢自膨大的基部逐渐地向后尖削，每一根前肢的长度是身体长度的2～4倍。为常见种和广布种，各种水体都可发现，在沼泽、池塘和湖泊中常见。

（四）镜轮科（Testudinellidae）

1. 镜轮虫属（*Testudinella*）

身体呈圆形、瓶形、梨形、卵圆形或椭圆形。背腹面扁平，被甲较厚且坚硬，足为很长的圆筒形，不分节，末端无趾，而有自内侧射出的一圈纤毛。咀嚼器槌枝型。（图3-14B）

盘镜轮虫（*T. patina*）：被甲透明，背腹甲匀称扁平，外形轮廓像圆盘。背面平稳略隆起，腹面完全扁平。被甲前端边缘头孔处平稳或稍呈波浪状弯曲，腹甲具有一深的V形缺刻。腹甲后端1/3处有卵圆形足孔。被甲两旁和后端的表面上好像有许多微小的粒体，靠近左右两侧边缘有12个距离相等的半圆形突起，突起是被甲内下皮层细胞的细胞核。主要营底栖生活。分布广泛，可见于沉水植物多的沼泽、池塘、浅水湖泊和深水湖泊的沿岸带。在养鱼池塘、河道和水库中也可发现。

2. 泡轮虫属（*Pompholyx*）

被甲透明且薄。身体末端虽有足孔，但没有真正的足。体末端有一囊状的足腺，分泌一个黏液管子，从被甲的足孔伸出，将已经排出的成熟卵连在一起。（图3-14C）

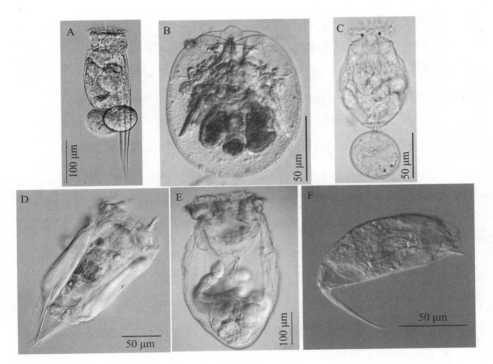

A. 三肢轮虫属；B. 镜轮虫属；C. 泡轮虫属；D. 多肢轮虫属；E. 晶囊轮虫属；F. 异尾轮虫属。

图3-14 单巢目一些轮虫代表动物

（引自Wallace等，2010）

（1）沟痕泡轮虫（*P. sulcata*）：被甲薄，无色透明。被甲近似宽卵圆形，周围有4条纵长且明显的凹沟，将背、腹部和左右两侧明显划分开。被甲前端中央的边缘向上凸出，两侧的凸出也很明显。被甲后端有一小的圆形孔，孔口面对着背面。营浮游生活，常见于各种水体。

（2）扁平泡轮虫（*P. complanata*）：被甲薄，无色透明。被甲近似宽卵圆形，背腹面高度扁平，周围光滑没有沟痕。被甲前端中央的边缘向上突出。被甲后端有一小的圆孔，孔口斜向背面，但是孔口基部没有向背面转弯，或向背面形成一尖端。沉水植物多的水体沿岸带、水质较清澈的小池塘等多见。

（五）疣毛轮科（Polyarthracidae）

多肢轮虫属（*Polyarthra*）

属于疣毛轮科中体形较小的一属。身体呈圆筒形或长方形，背腹面近扁平。头冠上无刚毛和"耳"，身体无足。身体两旁有12条附肢，在跳跃和游泳时使用。该属为典型的浮游种类。（图3-14D）

（1）广布多肢轮虫（*P. vulgaris*）：附肢披针形，附肢有中央和侧棘，边缘锯齿状。体腹面中央有腹鳍。该种为常见种和广布种。

（2）长肢多肢轮虫（*P. dolichoptera*）：体呈长方形，较广布多肢轮虫更为纵长。附肢细长，有中央棘，无侧棘，边缘细锯齿状。体腹面中央有腹鳍。

（六）鼠轮科（Trichocercidae）

异尾轮虫属（*Trichocerca*）

被甲形态多样，呈倒圆锥形、纺锤形或圆筒形。多为浮游生活。被甲前端有多个刺、小齿或褶皱，被甲条纹区有龙骨脊。足部倾斜嵌入身体。趾呈细长的针状或刺状，在趾的基部一般还着生至少2个极短的附趾。眼点、脑部和侧触手不对称。头冠晶囊轮虫型。咀嚼器杖型。口器左右不对称。砧基和槌柄细长，呈杖型；砧枝呈较宽阔的三角形，有枝翼；槌钩一般都有1～2个齿。（图3-14F、图3-15）

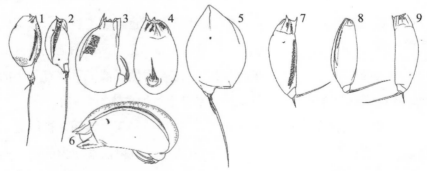

1-2. 圆筒异尾轮虫 *Trichocerca ornata*；3-4. *T. rotundata*；5. *T. lata*；
6. *T. maior*；7-9. *T. edmondsoni*；8. *T. mollis*。

图3-15　异尾轮虫的多样形态

（引自Segers，2003）

第三节　轮虫的应用研究

一、轮虫在生态毒理学研究中的作用

轮虫在水生生态毒理学研究中被认为是一个很有应用价值的类群。在生态毒理学研究中使用轮虫的情况日益增加。由于它们广泛可用和易于养殖，轮虫也成为水生生态学、物种形成、进化生态学、性别进化、种群动态和生态毒理学研究的有用模式物种。众多研究致力于探讨内分泌干扰物对轮虫的生物学影响，有些研究探讨了重金属、UV辐射、持久性有机污染物以及农药化合物对轮虫的有害影响，纳米颗粒、大气中细气溶胶和人类药物代谢物对轮虫的毒性，以及毒物如何改变轮虫的免疫反应，等等。轮虫用于生态毒理学的研究，主要是由于其具有如下优点：① 体形小，对大量有毒物质敏感；② 广泛可用性和易于养殖；③ 身体透明，可通过观察内部结构的变化来评估污染物对器官的影响；④ 孤雌生殖，提供遗传上相同的克隆进行测试；⑤ 对死亡率和繁殖进行定量测量容易且快捷，可以提供高种群密度和快速种群增长率；⑥ 以休眠卵形式可以储存更长的时间；⑦ 在水生生态系统中具有多个生态位（浮游、周丛生植物和底栖）等。

淡水萼花臂尾轮虫常被作为标准化急性毒性实验的研究对象。这种方法比其他方法更便宜，使用的是由卵孵化出来的实验动物，无须维持种群培养。此外，该检测方法简单、快速、灵敏。一些研究将轮虫的整个生命周期纳入毒性实验，可以探究整个生命周期的毒性响应机制。此外，轮虫利用纤毛在水中做旋转运动来捕获食物，在摄入有机颗粒的过程中，通过消化道最大限度地吸收水中的有害物质。此外，因其咀嚼器到肠道都有透明角质层，可以通过观察内部解剖结构的变化来评估污染物对器官的影响。有趣的是，轮虫的半致死浓度（LC_{50}）和半数致死数量（LD_{50}）值的可变性很大，表明其对化学物质和其他压力源有着广泛的敏感性，这使得轮虫可与其他生物一起用于毒理学研究。轮虫的孤雌生殖特性使得研究者能够利用雌性个体和/或种群发展的对数阶段，通过生命表技术进行精确的定量测量。故而，轮虫是研究种群动态的合适候选者和模式物种。此外，轮虫的行为（包括摄食行为、捕食者躲避行为、繁殖行为和社会行为等）可以作为水生生态系统变化的指标。自21世纪初以来，随着高通量测序技术的发展，各种非模式生物的基因组信息已经积累起来，利用生物信息学工具可在短时间内挖掘有用的基因组信息，从而使得非模式物种可以应用于环境研究。轮虫是开发不良结局途径（adverse outcome pathway，AOP）的良好模型，将环境风险评估（environmental risk assessment，ERA）的分子响应与个体和群体水平的影响联系起来，而轮虫的基因组DNA和RNA数据库可提供深入了解环境污染物暴露的各种分子启动事件的信息。

二、轮虫在水生生态系统中的指示和环境监测作用

轮虫是水生生态系统中食物网的重要环节，对水环境变化敏感，是优良的水质监测指示生物。一些个别物种可作为特定环境因素的指标。例如，特定轮虫物种的出现可以被视为小水体水文条件的指标。轮虫的群落结构特征是水质评价的关键指标。轮虫的群落结构可以指示水体的营养程度，在不同营养程度的水体中，都会存在各自典型的轮虫种类，这些典型种类被确定为不同营养程度水体中的指示种。一般认为舞跃无柄轮虫（*Ascomorpha saltans*）、腹足腹尾轮虫（*Gastropus hyplopus*）、卵形无柄轮虫（*A. ovalis*）等是寡营养水体的指示种；萼花臂尾轮虫、角突臂尾轮虫、螺形龟甲轮虫和壶状臂尾轮虫等是富营养水体的指示种。此外，可结

合轮虫多样性指数、轮虫富营养化指示种、水质综合营养状态指数等方法综合评价水质，或者结合轮虫和其他浮游动物，利用浮游动物完整性指数进行水质评价，可以较为系统地指示水体或轻度富营养化状态。

轮虫群落结构主要受食物、温度、竞争、捕食等因素的影响。同时溶解氧、pH等非生物因素对轮虫的生存繁殖起到重要作用。磷浓度、氮浓度和叶绿素a浓度被认为是影响湖泊和水库轮虫群落演替的关键因素。在河流下游和河口，盐度是影响轮虫群落变化的主要因素，与轮虫丰度和多样性呈负相关。在温带湖泊生态系统中，湖泊的深度和面积对轮虫的种群丰度和多样性起着重要作用。

三、轮虫用作生物饵料

轮虫用于鱼类苗种生产始于20世纪60年代末70年代初，首先是应用在海产鱼类中。经过多年发展，目前轮虫可作为60种海水鱼类和18种甲壳动物育苗的活饵料。轮虫作为一种重要的水生动物饵料，在世界范围内被广泛培养。轮虫在控制水质、提高幼体成活率等方面具有明显的优势，在多种鱼类和甲壳类幼体培育中发挥着重要作用。目前，水产动物育苗生产中规模化培养的轮虫主要为萼花臂尾轮虫和褶皱臂尾轮虫。

轮虫是高蛋白质的浮游动物，体内蛋白质含量占其干重的28%～63%，脂类占9%～28%。萼花臂尾轮虫干物质中含粗蛋白60%～70%。天然条件下培养的淡水轮虫主要以小球藻等微型藻类为食，体内含有较多的ω-3系列高不饱和脂肪酸（ω-3 HUFA），营养较为全面。在鱼虾类苗种培育过程中使用轮虫不易出现营养缺乏症。萼花臂尾轮虫是淡水中常见的轮虫种类，种群的繁殖力高，内禀增长率大，是工厂化培养的首选种类。

海水褶皱臂尾轮虫已被广泛用作海产养殖动物幼体的开口饵料，其大规模培育技术日趋成熟。轮虫作为海水育苗生产中的常用种，根据其大小，习惯上分为L型轮虫［大型轮虫，如褶皱臂尾轮虫］和S型轮虫［小型轮虫，如圆形臂尾轮虫（*B. rotundiformis*）〕。单胞藻营养丰富，是轮虫批量培养的首选饵料，但其培养需要耗费大量的人力和物力，因而众多学者开展了单胞藻、浓缩藻液、藻粉单独或共同培育海水轮虫的技术研究。而对于淡水轮虫在饵料强化和培养条件方面的研究却远远逊色于海水轮虫。

第四节　淡水轮虫常见实验方法

一、轮虫的样品采集

（一）蛭态类轮虫

土壤、苔藓、地衣和落叶等样品的采集：用取土环刀或工具铲采集样品放入特制的牛皮纸袋中，敞口自然风干后置入封口袋中密封保存。水生环境样品的采集：采集激流中底栖样品时，用500 mL瓶装容器刮取和收集水底基质；采集水生植物附着样品时，摘取植物根茎，冲洗后收集冲洗液。采集的样品带回实验室后立即进行活体观察和鉴定。

陆生样品轮虫的提取：取样品放置于锥形瓶内，加入纯水浸泡，2～12 h后，待轮虫与样品分离，用孔径为20 μm的筛网过滤3～4次，将滤液转移至5 mL计数框中镜检，或将样品放入50 mL规格的离心管中加入50%的蔗糖溶液，3000 r/min，离心5 min，取上清液稀释后观察。使用显微镜观察轮虫的特征。

（二）其他类群轮虫

采用25号（孔径38 μm）浮游动物网于水面水平或垂直方向作"∞"形缓慢拖网，采集样品，加入3%～4%（体积分数）福尔马林溶液进行样品固定。或者采集混合水样1 L，加入1%～2%（体积分数）鲁哥氏液固定，带回实验室。实验室条件下，将1 L水样浓缩至50 mL，用于轮虫形态观察。

二、轮虫分类学观察和种类鉴定

将轮虫个体用毛细管吸出，放在10%（质量分数）甘油滴中，盖上盖玻片，盖玻片四角需粘有一点橡皮泥，防止轮虫挤压变形，在显微镜下用高倍镜观察。观察时，如需要鉴定咀嚼器的种类，用浓度为8%～10%（质量分数）的次氯酸钠溶液分解轮虫的肌肉及其他组织以提取其咀嚼器，在扫描电子显微镜下观察咀嚼器的具体细节并拍照。

三、轮虫群落结构特征分析

用 1 mL 浮游生物计数框进行轮虫的定量计数，每个样品计数2次，其浮游动物最终丰度由公式（3-1）确定：

$$N=\frac{V_s\times(N_1+N_2)}{2(V_j\times V)} \tag{3-1}$$

式中，N 为浮游动物丰度样本（个/mL），V_s 为浓缩体积（mL），V_j 为计数（框）体积（mL），N_1 与 N_2 分别为2次计数个体数，V 为采样体积（mL）。

利用优势度（Y）指示浮游动物的出现频率和种群数量，以确定优势种（当 $Y \geqslant 0.02$ 时确定为优势种）：

$$Y=\frac{n_i}{N}\times f_i \tag{3-2}$$

式中，n_i 为浮游动物第 i 种的密度，N 为物种总丰度值，f_i 为第 i 种的出现频率。群落丰度采用 Margalef 指数（d）表示，按公式（3-3）计算：

$$d=\frac{(S-1)}{\ln N} \tag{3-3}$$

式中，S 为浮游动物物种总数，N 为浮游动物总丰度值。

群落的多样性用 Shannon-Weiner 指数（H'）和 Simpson 多样性指数（D）表示，分别按公式（3-4）和（3-5）计算：

$$H' = -\sum_{i+1}^{s} \frac{N_i}{N} \log_2 \frac{N_i}{N} \qquad (3-4)$$

式中，S 代表浮游动物物种总数；n_i 代表第 i 种的密度；N 为浮游动物总丰度值。群落的均匀度用 Pielou 指数（J）表示，计算按公式（3-5）：

$$J = \frac{H'}{\ln S} \qquad (3-5)$$

式中，H' 为 Shannon-Weiner 指数；S 为浮游动物物种总数。

四、轮虫纯培养

进行毒理学实验时，可对单个轮虫（孤雌个体）进行无性繁殖纯培养。以萼花臂尾轮虫为例，用 EPA（Environmental Protection Agency，EPA）人工培养基（由 96 mg $NaHCO_3$、60 mg $CaSO_4 \cdot H_2O$、123 mg $MgSO_4$ 和 4 mg KCl 组成），在 1 L 去离子水（pH=7.6，25℃）中孵化。可以用普通小球藻（*Chlorella vulgaris*，浓度为 0.5×10^6 个/mL）饲喂轮虫。将普通小球藻置于 2 L 瓶中连续曝气和光培养，使用 Bold 基础培养基，每 3 天添加 0.5 g/L 的 $NaHCO_3$ 作为碳源，离心（2000 r/min，5 min）收集生长在指数阶段的普通小球藻，冲洗，然后在少量蒸馏水中重新悬浮，于 4℃ 保存直至使用。小球藻在光培养箱中培养，培养条件：pH=7.0，温度为 20℃ 或者 25℃，光照度为 2000~3000 lx，光暗周期为 14 h∶10 h 或者 16 h∶8 h。浓缩富集后放置于 4℃ 冰箱中备用。孵化后的轮虫在无光照的恒温（25℃ 左右）培养箱中进行培养，培养期间定期摇匀培养液使小球藻悬浮，且每天更换培养液。

五、轮虫多样性分析

（1）传统的多样性调查：如果进行显微镜下形态鉴定和多样性分析，可参考上面内容。

（2）eDNA高通量分析：如果需要进行高通量测序，用孔径为0.45μm的无菌混合纤维素酯过滤膜、真空泵系统进行过滤。将过滤膜保存在无菌管中，置于−80℃的超低温冰箱中。选择相应DNA提取试剂盒，提取DNA，上机测序。

思考题

（1）名词解释：咀嚼器、孤雌生殖、原肾管、背触手。

（2）绘制轮虫（雌性）外部和内部形态结构图。

（3）简述轮虫主要特征。

（4）简述轮虫生活史。

（5）阐述雄性轮虫在自然界不多见的原因。

（6）比较轮虫属与旋轮虫属的区别。

（7）比较臂尾轮虫和晶囊轮虫的食性。

（8）简述轮虫的应用研究价值。

第四章 枝角类

枝角类是一类微型浮游甲壳动物，隶属于节肢动物门（Arthropoda）甲壳纲（Crustacea）鳃足亚纲（Branchiopoda）双甲目（Diplostraca）枝角亚目（Cladocera）。广泛分布于淡水、海水和内陆半咸水中，俗称红虫或鱼虫。大多数枝角类长0.2~3.0 mm。身体没有清晰的分节（薄皮溞例外，薄皮溞属与一般枝角类不同，身体圆柱形，不仅头、胸、腹3部分分界明显，腹部还分为4节），主要由头和躯干2部分组成，躯干部被一层腹侧张开的两瓣薄而透明的介壳覆盖。头部具1个复眼。壳表面常有网状纹或条形纹。有2对附肢，第1触角较小，第2触角发达，是主要的游泳器官，附肢上有羽状游泳刚毛。在壳的背面有孵育囊，通常装有卵或胚胎，并由一个特殊的腹突结构封闭。后腹部结构和功能复杂，胸肢5~6对，兼具滤食、呼吸功能。一般营浮游生活，是水体浮游动物的主要组分。枝角类在湖泊、池塘和缓慢流动的溪流、河流中较为丰富，它们也存在于静水和快速流动溪流的边缘植被中。枝角类营养丰富，生长迅速，是经济鱼类的重要天然饵料，是环境监测的重要指示生物，也常用来检测环境污染状况。

第一节　枝角类外部结构

枝角类身体通常短小，左右侧扁。从侧面观察，为长圆形。体长 0.2～3.0 mm；一般不超过1 mm，也有较大个体，体长可达20 mm。体色会受到水域的大小以及水质的影响。生活在大型水域敞水区的浮游种类大多无色透明，而栖息于小型水域中的种类以及大型水域沿岸区的底栖种类多呈淡黄色、红褐色或红色，分布在水质很肥的小型水域中的个体则呈淡褐色或深褐色。在缺氧栖息地（污水或植被腐烂的临时池塘）收集的枝角类通常呈粉红色至红色，这是缺氧导致的。如果生长在氧气含量充足的水中，就会恢复为透明状态。枝角类在胚胎时期共有15个体节，成体身体不再分节，只可区别为头与躯干2部分。

一、头部

头部的大小在各种之间有差别，如网纹溞属的头部很小，圆囊溞属的头部相当大。背侧向内凹入，形成颈沟，与躯干部分开。头部有额、头顶、头盔、吻、口器、壳弧、复眼、单眼、第1触角、第2触角和吸附器等结构，见图4-1。

（1）额：头部在复眼之前的部分，称为额。

（2）头顶：头部顶端、复眼以前的部分为头顶。

（3）头盔：头顶有时呈弧形或突出呈斧状，称头盔。头盔形状常随季节呈周期性变化。

（4）吻：头的腹侧、第1触角之间，或其稍前方突出部分，形成鸟喙状突起，为吻。吻的有无、大小、形状是分类的依据之一。例如，溞属与低额溞属吻十分发达，但网纹溞属无吻。

（5）口器：枝角类的口器由1上唇、1下唇、1对大颚、2对小颚组成。大颚坚硬，角质。滤食种类的大颚呈槌状，肉食种类的大颚呈尖钩状，用来撕裂捕获物。小颚退化，第1小颚为1对半圆形的小片，不分节，具有刚毛。第2小颚有的种类完全消失，有的种类则退化成具有刚毛的微小节突。上、下唇有保护口的作用，上唇大而侧扁，呈斧状，位于口前，突出在壳瓣之外，可以活动。下唇极小，呈圆锥形，在第1小颚之下。

（6）壳弧：头部左右两侧各具1条头甲增厚形成的隆线，称壳弧。其可伸展至第2触角基部，形状随种类而异。如隆线溞壳弧后端弯曲，呈锐角状，其他种类则不呈锐角状。壳弧支持头部且为触角肌着生处。

（7）复眼：有1个复眼（胚胎时为1对），位于头部前端，呈球形。由多数辐射排列的小眼组成，小眼的数目因种类不同而有所区别。每个小眼可分前后2部分，前半部以折射光线的晶体为主，后半部为接收光线刺激的小网膜。

（8）单眼：单眼1个，位于复眼和第1触角之间，通常较小。单眼与复眼虽然都是视觉器，但单眼只能感觉光线的强弱，而复眼除感觉光线的强弱外，还能辨别光源的方位。

（9）第1触角：有感觉功能。位于头部腹侧，单肢型，通常呈棒状，短小，有1~2节。绝大多数种类左右第1触角完全分离，但基合溞属与大眼溞总科第1触角的基部左右愈合。第1触角有触毛与嗅毛2种不同的感觉器官。触毛通常1根，少数种类2根，着生于触角中部。嗅毛是感化器，能活动，位于触角末端，但象鼻溞属的嗅毛离触角末端很远。第1触角雌雄差别极大。雌的短小，基端与头部愈合，不能活动；雄的较大，一般可以活动，末端具长刚毛，长刚毛可以攀附在雌体身上，在交配时起执握器的作用，大眼溞总科无论雌雄，第1触角都不能活动，而薄皮溞科、仙达溞科与粗毛溞科无论雌雄，都可活动。但是这3科第1触角雌雄差别较大，雌性的非常短，雄性的非常长。

（10）第2触角：甲壳类通常胸肢是运动器官，但枝角类胸肢丧失了运动能力，胸肢变化引起位于头部两侧的第2触角的很大变化。第2触角是主要游泳器官，位于头部两侧，长、大，大部分种类为双肢型，由原肢（1～2节）生出外肢与内肢，内、外肢2～4节。其上的羽状刚毛数目常以一定序式（刚毛式）表示。刚毛式可以体现枝角类第2触角内、外肢的节数和刚毛数。如溞属的刚毛式为0-0-1-3/1-1-3，表示：外肢4节，第1、2节上无刚毛，第3、4节上分别有1根和3根刚毛；内肢3节，分别具1、1、3根刚毛。刚毛式是分类的重要依据。（图4-2）

（11）吸附器：少数种类在头部及其后方的背侧有吸附器，如仙达溞属、隐尾溞属、隆背溞属、粗毛溞属以及宽尾溞属等，其中仙达溞属的最发达。吸附器呈U形，由上皮层及其角质膜的皱褶形成，具有肌肉，并能分泌黏液。这种器官利于枝角类附着在水生维管束植物以及其他沉浸于水中的物体上，使其暂时栖息在一定深度的水层中摄取食物。

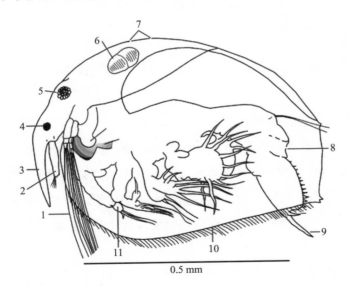

0.5 mm

1. 第2触角；2. 第1触角；3. 吻；4. 单眼；5. 复眼；6. 心脏；7. 头部孔；8. 肛门；
9. 尾爪；10. 甲壳；11. 第1胸肢。

图4-1　枝角类盘肠溞模式图

（引自Dodson等，2010）

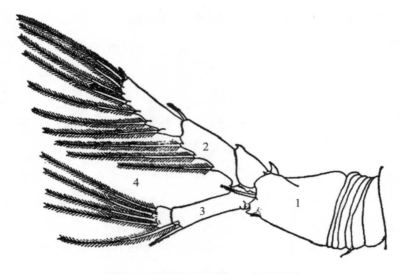

1. 原肢；2. 外肢；3. 内肢；4. 游泳刚毛。

图4-2　第2触角（晶莹仙达溞）

（引自蒋燮治，1979）

二、躯干部

躯干部由胸部与腹部组成。胸部有胸肢，腹部无附肢。

1. 胸部

胸肢4～6对。枝角类的胸肢已丧失运动机能，主要为摄食器官，其形成与摄食方式（食性）有密切关系。部分种类的雄体可用胸肢交配。

（1）滤食性种类（如溞属等绝大部分种类）的胸肢扁平，叶状，不分节，边缘有许多羽状刚毛构成滤器，便于过滤食物。滤食性种类将不需要的物质或过大的缠结块，经基部刚毛的反复活动，由后腹部扫出壳外。滤食性种类胸肢还有交换气体进行呼吸的机能。

（2）捕食性种类（如薄皮溞等少数种类）的胸肢呈圆柱形，外肢退化（大眼溞总科）或完全消失（薄皮溞科）只留内肢，有真正的关节，上生粗壮的刺状或爪状刚毛。捕食原生动物、轮虫和小型甲壳动物时，用大颚将猎物杀死并撕裂，然后送入口中。

2. 腹部

胸部以后无附肢的部分称腹部。主要有以下结构（图4-3）：

（1）腹突（abdominal process）：腹部背侧有1～4个突起，构成孵育囊的后壁，具防止卵子逸出的作用。

（2）尾刚毛（abdominal setae）：在腹突之后，还有小节突，其上具有感觉机能的羽状刚毛。秀体溞属（*Diaphanosoma*）的若干种类尾刚毛很长，盘肠溞科大多数种类的较短，薄皮溞科与大眼溞科的十分退化。

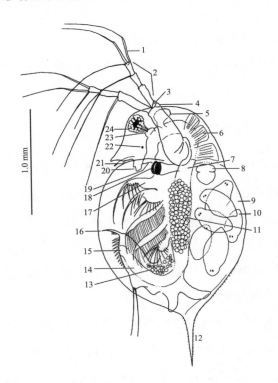

1. 游泳刚毛；2. 触角分支；3. 第1分支第1节；4. 第2触角；5. 盲囊；6. 触角上的肌肉；
7. 中肠；8. 心脏；9. 孵育囊；10. 胚胎；11. 卵巢；12. 壳刺；13. 脂肪滴；14. 后肠；
15. 肛门；16. 尾爪；17. 胸肢；18. 下颌；19. 口；20. 唇；21. 第1触角；22. 单眼；
23. 眼部肌肉；24. 复眼。

图4-3　枝角类雌体模式图

（引自Dodson等，2010）

（3）尾爪（post-abdominal claw）：后腹部末端结构，形状弯曲，上生棘刺，靠基部的1～3个较大，呈基刺或爪刺状，其余的较小，排成一行，合称附栉。有的种类还有更小的刺或细毛。大眼溞属的某些种类，尾爪已完全退化。

（4）肛刺（anal spine）：靠近尾爪基部，后腹部背缘或左右两侧常有1～2行单独分布或成簇排列的小刺。

（5）侧刺（lateral spine）：有的种类（盘肠溞科）侧刺在后腹部的背面或左右两侧，肛门附近还有1或数行侧刺。

尾爪、肛刺和侧刺等结构在后腹部前后弯曲时，除了可以剔除不适宜摄取的物质外，还能拭除黏附在胸肢刚毛上的污物。

三、壳瓣

枝角类大多数种类躯干部完全包被于壳瓣之内，而头部露出于外。壳瓣左右2片，背缘愈合，腹缘和后缘游离，薄而透明。有的种类（如溞属）壳瓣后背角延长成壳刺，而有的种类（如船卵溞和象鼻溞属）则是壳瓣后腹角延长成较短的壳刺。仙达溞属、溞属与象鼻溞属等浮游种类的壳瓣比较柔软，底栖种类的壳瓣却较坚硬。壳瓣表面光滑，或有点状、线状、网状等花纹，或有小刺等附属物。

壳瓣分内、外2层，血液在2层间流动循环。内层薄，与外界水接触，进行氧气交换，具有呼吸作用；外层较厚，具有保护作用。但少数种类的壳瓣不包被躯干部，已经丧失了保护胸肢的机能，而只用来孵育幼溞，壳缘相互愈合（薄皮溞科）或与躯干部背面愈合（大眼溞总科），形成孵育囊。

四、雌雄差异

通常雄性与雌性外形相似，但是雄性个体比雌性小（图4-4）。

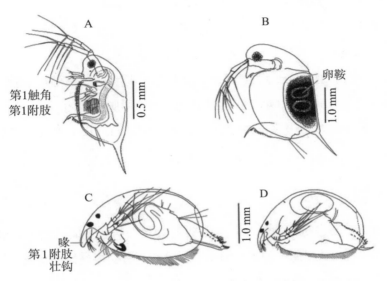

A. 雄性多蚤溞（*Daphnia pulicaria*）；B. 雌性多蚤溞（*Daphnia pulicaria*）；C. 雄性 *Alona bicolor*；D. 雌性 *Alona bicolor*。

图4-4 枝角类的雌雄个体差异

（引自Dodson等，2010）

第二节 枝角类内部结构

一、消化系统

枝角类消化系统主要有口器、食道、中肠（或称胃）、直肠。有些种类具有盲囊。

（1）口器：见第四章第一节。

（2）食道：长，自头部开始，穿过胸部，到第3腹节的后端。

（3）中肠：或称为胃，十分发达，除前端略为膨大外，其余各部分几乎同样粗细，随种类不同，形状有异。

（4）直肠：短，与中肠间无明显的界限。

（5）肛门：通常位于后腹部的背缘或末端，但大眼溞总科的却位于腹缘。

（6）盲囊：通常为1对耳状的附属器官，在中肠前端的左右两侧。除薄皮溞科、仙达溞科以及象鼻溞科外，其余枝角类的消化道都有附属器官。消化酶是否由附属器官产生，还值得研究。

二、呼吸系统

枝角类主要进行扩散性呼吸。壳瓣的表面和胸足表面可用于呼吸。此外，有些种类（如溞属）的肠收缩迅速，可能具有交换气体的功能。

另外还具有3种特化的呼吸器官：

（1）鳃囊：除薄皮溞科和大眼溞总科外，其余的枝角类胸肢基部的上肢呈囊状，称鳃囊，内充满流动的血液，有呼吸机能。

（2）头盾：为胸肢无鳃囊的薄皮溞科和大眼溞总科所特有，呈鞍状，位于头的后半部背侧，由腺性上皮细胞组成，这种细胞有固着作用。

（3）颈呼吸器：是溞属等幼体所特有的呼吸器官，位于头部背侧，由一团细胞组成。幼溞第一次脱壳后，颈呼吸器就消失。

三、排泄系统

枝角类排泄系统为壳腺（成体）和触角腺（幼体）。

（1）壳腺：又名颚腺。成体都有颚腺，1对，较为发达，由末端囊和细长盘曲的肾管组成。肾管近端开口于末端囊，其开口称肾孔；远端开口于第2小颚基部，开口是排泄孔。颚腺根据形态的不同，可以分为不同类型。

（2）触角腺：又名绿腺，是枝角类幼体的排泄器官。也分末端囊和肾管2部分，肾管远端的排泄孔位于上唇附近。随着幼体不断发育，肾管开始退化，排泄孔逐渐闭塞，最后末端囊也消失。有的种类（如蚤状溞等）在成体还残存退化的触角腺（只有几个细胞），但已无排泄功能。

四、循环系统

枝角类循环系统不发达，一般有心脏，而无血管。心脏呈囊状，共有3个孔：前端1个动脉孔，后端两侧2个静脉孔。动脉孔由活瓣启闭，静脉孔由肌肉交替收缩控制启闭。绝大多数种类（透明薄皮溞和尾突溞例外）没有血管，血液只在体腔内及其组织间游动，但游动的路线是一定的。

五、神经系统

枝角类的神经系统较为原始，主要由若干神经节和神经索组成。

（1）脑：发达，脑位于头部的后端，由此分出许多神经通达复眼、单眼和消化道的前部等处。

（2）感觉器官：有4种，分别为感化器、视觉器、触觉器与颈感器。

感化器：感化器是第1触角上的嗅毛。

视觉器：包括1个单眼与1个复眼。有些种类无单眼，例如秀体溞属与大眼溞总科。

触觉器：第1触角上的触毛、后腹部的尾刚毛和躯体上其他各种毛状体。

颈感器：又称额器，为枝角类所特有，分布于头部各处，数目不少，各由一个或数个无色素的球形细胞构成，与由脑发出的神经相连。

六、生殖系统

雌性生殖系统包括1对卵巢和1对输卵管。卵巢长形，位于消化道的左右两侧。输卵管短，与孵育囊相通，末端的开口即雌性生殖孔，位于后腹部靠近背面的左右两侧。

雄性生殖系统包括1对精巢和1对输精管。精巢腊肠形，也位于消化道的左右两侧。输精管末端的开口即雄性生殖孔，位于肛门或尾爪附近。少数种类的雄性生殖孔开口于阴茎状的突起上，这对突起就是交媾器。

七、生殖、生长和发育

1. 生殖和发育

枝角类可以进行孤雌生殖与两性生殖。当外界条件比较适宜时，就进行孤雌生殖。这时，雌性个体所产的卵，称为夏卵。夏卵不需要受精，因此又称为非需精卵。除孤雌生殖外，枝角类在环境条件恶化时，营两性生殖。这时，种群中还出现雄体，二者随即进行交配。交配时，雄体通常利用其有壮钩与长鞭的第1胸肢攀附在雌体身上。此外，雄体第1触角的长刚毛也可能有同样作用。雌、雄体腹面对着腹面交配，雄体将后腹部伸入雌体壳瓣内，排出精子于孵育囊中。1只雌体可与2只雄体同时交配。

两性生殖时，雌性个体所产的卵，称为冬卵。冬卵必须受精，才能发育，因此又称为需精卵。冬卵内有许多小而黑色的卵黄粒，体积通常比夏卵大。冬卵每胎只产1~2个。枝角类每胎的冬卵数是恒定不变的。只有晶莹仙达溞、直额隐尾溞以及薄片宽尾溞等少数种类，每胎能产较多的冬卵。受精在输卵管或孵育囊中进行。受精的冬卵不立即孵化成为幼溞，而是在孵育囊内，不到2天的时间发育到囊胚阶段，形成生殖腺与头部的原基后离开母体。在外界暂时停止发育，直到环境条件改善以后，再继续发育，孵出幼溞。可见冬卵在外界要经过一段滞育期。滞育期可持续几天至几个月，因此冬卵又称滞育卵，或休眠卵。由冬卵孵出的幼溞都是雌性，随着生长，成了下一个周期的第一代孤雌生殖的雌体。冬卵对于种的延续具有重大的生物学意义，它能抵抗寒冷与干旱等不良的外界条件。

枝角类夏卵发育从卵原细胞开始，卵原细胞经过多次分裂，数目显著增加，停止分裂后进入生长期。卵原细胞长大以后，在卵巢内4个一群地排列，形成1个初级卵母细胞、3个营养细胞。初级卵母细胞吸收营养细胞和发育，排入孵育囊中，经过一次成熟分裂，形成夏卵。这次成熟分裂不是减数分裂，染色体未减半，因此夏卵为双倍体。

冬卵的育成与夏卵不同。虽然冬卵发育也从卵原细胞开始，长大的卵原细胞在卵巢内同样4个一群地排列，但多数细胞群后来都变成续发性营养细胞，只有少数细胞群像夏卵的一样，各形成1个初级卵母细胞和3个原发性营养细胞。续发性营养细胞先被卵巢上皮细胞吸收而消失。上皮细胞显得十分膨大，呈球形。不久，上皮细胞又将养料转运给初级卵母细胞。原发性营养细胞则由初级卵母细胞直接吸收，比续发性营养细胞消失得迟。初级卵母细胞吸收了2种营养细胞以后，经2次成熟分裂，第一次为减数分裂，第二次为均等分裂。因此，育成的冬卵是单倍体。

2. 生长

枝角类生长与脱壳交替进行，图4-5示生长情况。每脱壳一次，生长一次，但只在新生的甲壳尚未硬化时，才能生长，生长的时间很短。前后2次脱壳之间的时期，称为龄期。从卵中孵化出来的幼溞为第一幼龄，在第一幼龄期末，进行第一次脱壳，脱壳后的幼溞为第二幼龄。以后，每脱一次壳，就增加一个幼龄。最末一个幼龄称为终末幼龄，此时离开母体，进入外界。终末幼龄脱壳一次，成为成体。

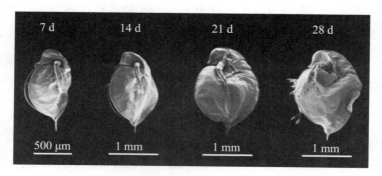

图4-5　枝角类扫描电镜观察结果（7~28 d生长情况）
（引自Cai等, 2019）

第三节　枝角类淡水代表动物

　　枝角类分为单足部和真枝角部。其中单足部只有1科1属1种，即薄皮溞科薄皮溞属透明薄皮溞。其余皆为真枝角部，其中大眼溞科和长棘溞科在我国仅发现于吉林、黑龙江和新疆。现介绍枝角类常见类群及目前研究较多的淡水代表物种。

一、薄皮溞科 Sididae

　　身体长，近圆柱形，分节。壳瓣短小，不包被躯干部和游泳肢。复眼发达。第1触角小，第2触角很大，内肢和外肢各4节。游泳肢6对，圆柱形，其外肢完全退化。后腹部有1对大的尾爪。肠管直，无盲囊。雄性体小，无壳瓣，第1触角很长，第1游泳肢有钩。本科仅1属1种，为薄皮溞属透明薄皮溞（*Leptodora kindti*；图4-6）。

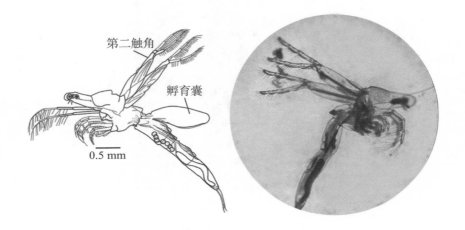

图4-6　透明薄皮溞线图（左）及光镜图（右）

（引自Dodson等，2010）

二、仙达溞科（Sididae）

1. 仙达溞属（Sida）

该属头部宽阔，与躯干部分开。吻尖。第1触角棍棒状，第2触角刚毛式：0-3-7/1-4。后腹部背缘有肛刺。尾刚毛位于锥形突起上。爪刺强大。雄性第1触角末端部呈鞭状。无交媾器。本属仅晶莹仙达溞（S. crystallina）1种。

晶莹仙达溞：雌性头较大，头顶浑圆，头甲背侧有一吸附器。第2触角外肢较长，内肢短。全身透明。雄性第1触角长，分2节，端节外侧有1列均匀小刺。广布种，在水草丛生的湖边或者池塘内可见。（图4-7）

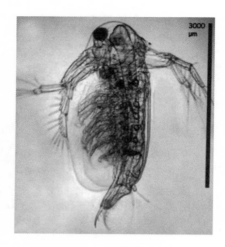

图4-7　晶莹仙达溞

（引自Thackeray等，2024）

2. 秀体溞属（*Diaphanosoma*）

该属壳瓣薄而透明。头部较大，无吻，也无单眼和壳弧，有颈沟。后腹部小，锥形，无肛刺，爪刺3个。雄性的第1触角较长，有1对交媾器。第2触角刚毛式：4-8/0-1-4。在湖泊敞水区数量较多，沿岸也有分布，池塘或水坑中少见。模式种是短尾秀体溞（*D. brachyurum*）。

（1）短尾秀体溞：雌性后背角显著，后腹角浑圆。额顶较平，具颈沟。复眼很大，顶位略偏于腹侧。尾刚毛着生于圆锥形突起上，其长超过体长的1/2，分为2节。尾爪大，除爪刺外，还有1列栉毛。雄性壳瓣背缘比雌性的平直。广温种类，在湖泊的敞水区数量较多。（图4-8）

（2）长肢秀体溞（*D. leuchtenbergianum*）：雌性形态特征与短尾秀体溞的雌性非常相似。与短尾秀体溞最主要的区别在于本种的第2触角特别长，外肢的末端可以达到甚至超过壳瓣的后缘。雄性形态特征与短尾秀体溞的雄性也很相似，但2种同样可用第2触角的末端是否达到或者超过壳瓣后缘这一特征加以区分。交媾器相当长，但比短尾秀体溞的略短。经常与短尾秀体溞同时出现。

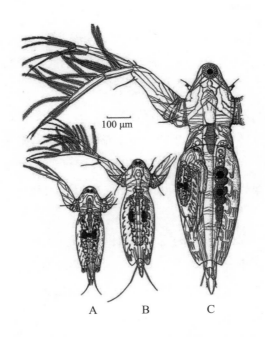

A. 短尾秀体溞；B. 出生后不久蜕皮；C. 一只成年雌性，育儿袋中有一个晚期胚胎，并在卵巢中形成下一窝卵，可见积聚的卵黄颗粒和油滴。

图4-8　从育儿袋中出生的短尾秀体溞

（引自Kotov等，2017）

三、溞科

1. 溞属（*Daphnta*）

身体呈卵圆形或椭圆形。壳瓣背面具有脊棱。后端延伸而成长的壳刺。后端部分以及壳刺的沿缘均被有小棘。壳面有菱形和多角形网纹。通常无颈沟，吻明显，大多数有单眼。第1触角短小，部分或几乎全被吻部掩盖，不能活动。第1触角长大，能活动，通常具有粗长的鞭毛。绝大多数种类的第2触角共有9根游泳刚毛。有3～4个腹突。卵鞍内有2个冬卵。雄性较小，壳瓣背缘平直，吻无或十分短钝，第1胸肢有钩与鞭毛，腹突常退化。（图4-9）本属分布于世界各地，常见于中小型湖泊、池塘、水沟等有机质丰富的水体。模式种类是长刺溞（*D. longispina*）。

（1）大型溞（*D. magna*）：雌性体长2.20～6.00 mm，体呈宽卵形，后半部比前半部狭窄。壳刺较短，有时几乎完全消失。壳面有菱形花纹。头部宽而低，头顶圆钝，无盔。吻部稍凸出。壳弧发达，复眼不大，位于头顶。腹突4个，成体第1腹突要比第2腹突长1倍，依次变短，第4腹突最短。尾爪略弯曲。雄性体长1.75～2.50 mm，壳瓣狭长，背缘平直，前缘与腹缘密生较长的刚毛，前腹角圆而凸出，壳刺很短，头部向下弯曲，复眼特别大，吻十分钝，第1触角很长，两端略粗。广温性物种，在池塘、水坑以及小型湖泊可见。

（2）隆线溞（*D. carinata*）：雌性体长1.30～3.71 mm，体呈宽卵形。壳刺较长。壳上具网纹，大多呈菱形。头部扁平而宽阔。吻长，壳弧发达，向后延伸得很长，后端弯曲，呈锐角状。复眼不大，单眼小。第1触角短小，触角嗅毛末端不超过吻尖。后腹部长，末端削尖。背侧微凸或近乎平直。肛刺10个左右，尾爪短。雄性体长1.25～1.60 mm，壳瓣狭长，背腹两缘近乎平直。前腹角圆钝，稍微凸出，列生刚毛。壳刺长，吻短钝。第1触角与大型溞的雄性相似，但触角末端背侧刚毛较短。后腹部背侧在肛门之后稍内陷，但无明显的侧突。雄性腹突2个，有稀疏的细毛。嗜寒性物种，湖泊、水库以及江河中可见。

（3）蚤状溞（*D. pulex*）：雌性体呈卵形，壳瓣背侧有脊棱。壳刺长度适中，为壳长的1/5～1/3。壳上具呈菱形或不规则的网状纹。头部大多低，无盔。壳弧发达，后端不弯曲，呈锐角状。复眼大，单眼小但明显。第1触角短小，大部分被吻部掩盖。腹突4个，基部完全分离。第1腹突特别长，其余3个较不发达，密被细毛。雄性壳瓣的背腹两侧都不弓起，壳刺靠近背侧。吻不显著。第1触角长，稍弯曲，靠近末端的前侧有1根细小的触毛，末端有1根长刚毛，其下方为1束嗅毛。雄性仅保存第2腹突，但很长，往往伸出壳外，其余退化。广温性物种，是水潭、水坑、池塘以及小河等小型水域中的优势种类。

（4）长刺溞：雌性体长1.20～3.11 mm，壳瓣背侧的脊棱不伸展到头部，壳刺大多较长。头部形状变化很大，无头盔。壳弧发达，后端弯曲成一钝角。吻长而尖。复眼靠近头顶，大小因个体不同而稍有差异；单眼小。第1触角短，嗅毛末端不超过吻尖。第2触角较短，向后伸展时，游泳刚毛末端远离壳刺基部。肛刺通常为9～15个，也可达20个。腹突4个，前3个发达，最后1个退化。雄性体长1.00～1.78 mm，复眼很大，身体末端有1根稍长的刚毛，第1触角稍微弯曲，腹突退化。常出现于湖泊、水库和河流中。

（5）透明溞（*D. hyalina*）：雌性体长1.30～3.01 mm，体呈长卵形。脊棱一直伸展到头部。壳刺细长，其长度往往超过壳长的1/2。壳面网纹模糊。头部背侧近乎平直，腹侧微凹，头顶略微凸起。头盔可形变，或尖或圆。吻尖而长，但不像长刺溞的那样显著。复眼小；单眼小，或完全退化。第1触角短小，只有小部分露在头部外，嗅毛末端不超过吻尖。后腹部细长，比长刺溞的小，尾爪无栉刺，细毛列也不像长刺溞那样明显。腹突有4个，都不发达，无细毛，第1腹突比第2腹突长。雄性体长1.06～1.43 mm，壳瓣背缘平直，腹缘中部微凹，前端部分有较长的刚毛。壳刺长，复眼大。吻短而且钝。第1触角弯曲，比长刺溞的短。腹突退化，只保留3个。

（6）僧帽溞（*D. cucullata*）：雌性体长0.80～3.00 mm，体呈椭圆形，十分侧扁。壳刺长，壳上花纹不清晰。头形随季节不同而异，或低而圆，或向前隆起，并有高的头盔。壳弧不发达，吻短钝。复眼小，无单眼。第1触角很短，几乎完全被吻部掩盖。后腹部短小，背侧微凸。尾爪无栉刺列。腹突4个，有2个发达，其余2个退化，有时第4腹突完全消失。雄性体长0.70~1.50 mm，壳瓣背缘平直或微凸。壳刺很长。头盔或低或高。后腹部较狭，肛刺6个左右。只有2个短的腹突。

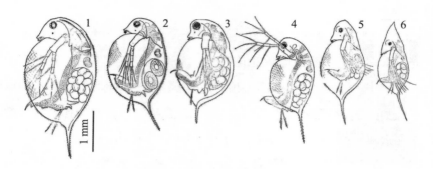

1. 大型溞；2. 隆线溞；3. 蚤状溞；4. 长刺溞；5. 透明溞；6. 僧帽溞。

图4-9　溞属代表物种

（引自蒋燮治，1979）

2. 低额溞属（*Simocephalus*）

体呈卵圆形，前端狭窄，后端较宽。头部小而低垂，有颈沟，吻短小。复眼中等大小，单眼点状或纺锤形。壳瓣背缘后半部大多带锯状小棘，腹缘内侧具刚毛，无壳刺。腹突通常2个。雄性第1触角的大小与雌性的相等，但背侧有2根触毛。第1胸肢只有小钩而无长鞭。无腹突。主要栖息在水坑、池塘等小型水体中。模式种是老年低额溞（*S. vetulus*）。（图4-10）

（1）老年低额溞：雌性体长1.23~1.87 mm，头部小，身体呈宽卵形。壳瓣背缘弓起，后半部以及后背角上有小棘，后缘平直或稍凹，腹缘微凸。后背角稍凸出，后腹角浑圆。壳纹具平行于后缘的横线，横线之间有排列不规则的纵线。尾爪没有栉刺。雄性体长1 mm左右。广布种。

（2）棘爪低额溞（*S. exspinosus*）：雌性体长2.38~3.18 mm，体呈宽卵形。壳瓣后背角钝，但凸出较甚。背缘和腹缘的后端部分列生小棘。壳纹较不清晰，有横线。头部大，额顶浑圆，复眼大，单眼小。颈沟较浅。

壳弧发达。吻小，呈三角形。后腹部宽阔，尾爪大，腹突2个很发达，其上无细毛。雄性体长1.00～1.30 mm，壳瓣后背角钝而凸，后缘与腹缘均较平直。复眼大，单眼小。第1触角前端有2根触毛，末端有1簇嗅毛。无腹突。广温性物种，主要栖息在小型水域中，湖泊或者水库中可见。

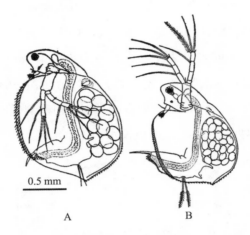

0.5 mm

A　　　　　　B

A. 老年低额溞；B. 棘爪低额溞。

图4-10　低额溞属代表物种

（引自蒋燮治，1979）

3. 网纹溞属（*Ceriodaphnia*）

体呈宽卵形或椭圆形，壳瓣大多呈多角形的网纹，头部小，颈沟深，无吻。复眼大，充满头顶；单眼小，呈圆点状。多数种类仅有1个或2个发达的腹突。雌性第1触角短小；雄性第1触角长，有2根触毛。雄性无腹突。广温性种类，分布较广。模式种是方形网纹溞（*C. quadrangula*）。（图4-11）

（1）方形网纹溞：雌性体长0.44～1.00 mm，体近椭圆形，较侧扁。壳瓣背缘稍微弓起，靠近后背角处往往向内陷入。怀冬卵的雌体后背角圆钝。壳纹为不很清晰的多角形网纹。头部小，颈沟明显，壳弧长而浑圆。复眼很大，单眼小。第1触角短小。尾爪大，有1个显著的腹突，肛刺9个左

127

右。雄性体长0.61～0.65 mm，壳瓣背缘平直，腹缘与后缘外凸。头部和复眼都比雌性的大。广温性物种，在湖泊、水库、池塘中可见。

（2）角突网纹溞（*C. cornuta*）：雌性体长0.45～0.51 mm，体呈卵圆形，侧扁。壳瓣背缘与腹侧略弓起，怀冬卵的雌性个体背缘平直。后背角凸出，后腹角浑圆。壳纹清晰，网纹呈六角形或五角形。头部宽，颈沟深，壳弧不发达，无吻，但在吻的部位有一尖而向下的突起，这是本种与同属其余种类最显著的不同之处。复眼大，单眼小。第1触角稍能活动，短而粗。后腹部长，向后逐渐削细。尾爪长，均匀弯曲，腹突发达，肛刺5～7个。雄性体长0.30～0.39 mm，壳瓣背缘平直，但前部微凹。嗜暖性物种，在湖泊、水库、池塘、水沟、泥潭以及水稻田中可见。

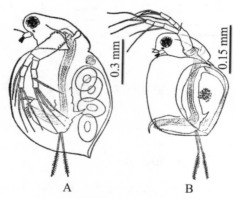

A. 方形网纹溞；B. 角突网纹溞。

图4-11　网纹溞属代表物种

（引自蒋燮治，1979）

4. 船卵溞属（*Scapholeberis*）

身体呈长方形，不很侧扁。头部大而低垂，颈沟浅，但明显。复眼大，单眼小。后腹角具有向后延伸的壳刺。第1触角小，在形状上雌雄几乎没有差异。本属溞类常利用壳瓣腹缘的刚毛使腹面向上，倒悬身体从而漂浮于水面。腹突通常只有1个。雄体较小，第1胸肢有钩，无腹突。模式种是平突船卵溞（*S. mucronata*）。（图4-12）

（1）平突船卵溞：雌性体短，近乎长方形。壳瓣背缘弧状拱起，腹缘与后缘均平直。腹缘前端有1个不明显的棱角突起，腹缘列生刚毛。后腹角几乎呈直角，并有1根短而粗的壳刺。壳纹网状，不明显。头部大，占体长的1/3左右。从腹面或背面观察，头长明显大于头宽。头腹面内凹。颈沟深，壳弧发达。复眼大，单眼小，呈圆点状，靠近吻部末端。第1触角短小。后腹部短而宽，末端圆。只有1个腹突。尾爪短，具不很明显的篦毛列。雄性壳瓣低，背缘、腹缘以及后缘都很平直。后腹角的壳刺非常长。壳纹清晰。第1触角略大于雌体。第1胸肢有钩和鞭毛。后腹部背缘中部显著凹陷。广温性物种，常漂浮于大型水域如湖泊、水库、河流的沿岸以及池沼、水坑和稻田等浅小水域的表面。（图4-12）

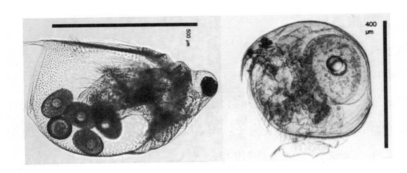

图4-12　船卵溞属（左）和圆形盘肠溞（右）的光镜图
（引自Thackeray等，2024）

（2）壳纹船卵溞（*S. kingi*）：雌性外形与平突船卵溞非常近似。但2种存在区别：本种壳瓣的前缘呈圆弧状，后缘也比较隆起。在壳刺上方，不像平突船卵溞那样向内凹陷。腹缘前端的棱角突起显著。具有壳纹，呈网状。头大且短，从腹面或背面观察，头长与头宽几乎相等。额顶宽而圆。吻比平突船卵溞的略长，弯曲。具颈沟，壳弧发达。复眼大，靠近额顶。单眼小，离吻端较远。在复眼后方，另有1条横纹，称为吻线，这为本种所特有。后腹部短而宽，尾爪短，具篦毛列，有1个发达的腹突。雄性壳瓣背缘、腹缘与后缘都近乎平直。嗜暖性物种，在水坑、池沼等小型水域中可见。

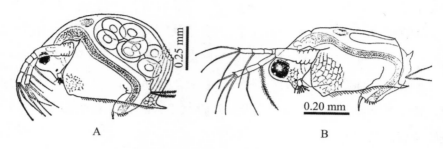

A. 壳纹船卵溞；B. 平突船卵溞。

图4-13　船卵溞属代表物种

（引自蒋燮治，1979）

四、裸腹溞科

裸腹溞属（*Moina*）

壳瓣圆形或宽卵形，不很侧扁。头部大，无吻，颈沟深，无壳刺，壳弧发达。复眼大，通常无单眼。第1触角细长，能活动，触角上通常环生细毛。第2触角细毛也较多。腹突不明显，通常仅留存几条褶痕。后腹部露出于壳瓣之外。雄性较小，第1触角非常长大，前侧有2根触毛，末端有3～6根钩状刚毛和1束嗅毛，第1胸肢有钩，有的还有长鞭毛。裸腹溞被广泛用于科学研究中，其中对直额裸腹溞、多刺裸腹溞和蒙古裸腹溞的研究较多。（图4-14、图4-15）

（1）直额裸腹溞（*M. rectirostris*）：个体较大，是本属的大型种类之一。雌性体长1.20～1.40 mm。育囊饱满时，壳瓣呈圆形，否则狭长而呈圆形。后背角稍外凸。壳面有清晰的网纹。头部大而短，向下倾斜。复眼大。第1触角长，呈棒形。后腹部大且长，尾爪直或稍弯曲，基部有1列栉刺。本种的栉刺列很显著。雄性体长0.80～1.00 mm，体呈长方形。背缘平直或微凹，腹缘凸出。后背角钝。复眼大，充满头顶。第1触角特别长，几乎达到体长的1/2。第2触角形状与雌性的相似，但不发达。第1胸肢发达。第3节上有1个能动的钩，它可以伸到腹面与胸肢前缘合抱。后腹部与雌性的完全相同。尾爪也有非常醒目的细刺。广温性物种，栖息在小型水域中。

（2）蒙古裸腹溞（*M. mongolica*）：个体较大。雌性体长1.0~1.4 mm，腹缘长，腹缘列生刚毛22~29根。壳瓣上具多角形网纹。后背角不形成壳刺。颈沟发达。复眼小，无单眼。本种与同属的其他种的主要区别是雌体第1胸肢倒数第2节上不具前刺。蒙古裸腹溞是一种广温、广盐的咸水溞，最早发现于咸水湖，是裸腹溞属耐盐性最好的一种。蒙古裸腹溞具有适应性强、繁殖力高、营养价值高等特点，多作为开口饲料，也在生态毒理学研究中被广泛用作模式生物。

（3）多刺裸腹溞（*M. macrocopa*）：雌性体长0.83~1.20 mm，体呈宽卵形。壳瓣背腹都不凸出，腹缘列生55~65根长刚毛。靠近前端的刚毛长，往后渐短。后背角浑圆，向外微凸。壳面有纹，交错构成。头部宽阔，不向下倾斜。复眼没有充满头顶。第1触角强大，呈棒形，中部略粗，环生细毛。第2触角很强壮。第1胸肢易于辨认，其最末第2节前侧刚毛的腹面有刺列。后腹部较宽。尾爪基部无栉刺列，有1列微小的梳状毛。雄性体长0.63~0.82 mm，体表覆盖稠密的细毛，头部的毛较稀。复眼充满头顶。第1触角长，中部弯曲。壳面呈网状，覆盖细毛。第1胸肢最末第2节有1个大而弯曲的钩。在小型水体中常见，夏季常见。

（4）微型裸腹溞（*M. micrura*）：为本属中个体最小的种类。雌性体长0.65~0.83 mm，体呈宽卵形。壳背缘凸起明显，孵育囊饱满时，凸出明显，腹缘近乎平直或微向外凸，沿缘前半部列生长刚毛11~25根，刚毛数随个体大小而有差异。头部与壳面均无细毛。壳纹不清晰。头部很大，向下倾斜。头顶呈圆形，颈沟明显。复眼很大。第1触角略短于头长的1/2。第2触角内、外肢的末端达到壳长的1/2。后腹部短，尾刚毛较长。雄性体长

0.53~0.61 mm，体呈长卵形。壳瓣背缘平直，腹缘凸出。头部狭长。复眼很大，充满头顶。第1触角非常长，约为体长的1/2。第1胸肢具有壮钩，与肢体本身垂直，向外伸出。后腹部与雌性的相同。嗜暖性物种，在湖泊、池塘中可见。

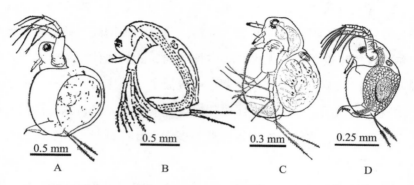

A. 直额裸腹溞；B. 蒙古裸腹溞；C. 多刺裸腹溞；D. 微型裸腹溞。

图4-14　裸腹溞属代表物种

（引自蒋燮治，1979）

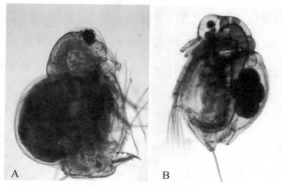

A. 多刺裸腹溞；B. 微型裸腹溞。

图4-15　裸腹溞光镜图

（引自Makino等，2020）

五、象鼻溞科

1. 象鼻溞属（*Bosmina*）

该属体形变化甚大。头部与躯干部之间无颈沟。壳瓣后腹角向后延伸成一壳刺，其前方有1根刺毛。第1触角与吻愈合，不能活动。在复眼与吻端中间的前侧生出1根触毛（又称额毛）。第2触角外肢4节，内肢3节，刚毛式：0-0-1-3/1-1-3。末腹角延伸成一圆柱形突起，突起上着生尾爪，有细小的肛刺。雄性个体第1触角不与吻愈合，能动，基部通常有2根触毛，第1胸肢有钩和长鞭。该属在我国各大、中、小水体都有部分，湖泊中较多，尤其是富营养水域数量多。对象鼻溞属在生物地理学和形态学等方面的研究充分。模式种是长额象鼻溞（*B. longirostris*）。（图4-16）

（1）长额象鼻溞（*B. longirostris*）：雌性体长0.40～0.60 mm，体形变化很大。后腹角延伸成一壳刺。壳刺比同属别的种类短，但其长度随个体龄期不同而异。龄期小的个体，壳刺长。壳纹不明显，呈六角形或菱形网纹。复眼较大，第1触角短或中等长，末端部有时弯曲，或呈钩状。后腹部末端内凹。肛刺十分微小，尾爪弯曲不均匀。雄性体长0.33～0.45 mm，壳瓣狭长，背缘平直，吻钝。第1触角不与吻愈合，可以活动。其前侧靠近基部着生2根触毛，一根位于基端的小突起上，另一根在前者的下方。第1胸肢有钩及长鞭。后腹部形状特殊，末端向内深凹，显得尾爪着生的突起特别长。尾爪较短，无明显的栉刺列。广温性物种，在湖泊与池塘等水域中可见。

（2）简弧象鼻溞（*B. longispina*）：雌性体长0.34～1.20 mm，体形有很大变异，壳瓣背缘隆起，往往比长额象鼻溞高。后腹角的壳刺通常很长，但有时退化或完全消失。壳面光滑无纹。复眼小，第1触角超过体长。后腹部末端内凹。雄性体长0.30～0.70 mm，壳刺十分退化或完全消失。后腹部末端削尖。第1触角特别长。嗜寒性物种，在池塘、水库以及缓流的江河中可见。

（3）脆弱象鼻溞（*B.fatalis*）：雌性形态特征略有些像长额象鼻溞，壳瓣高，后腹角有细长壳刺。有壳纹，呈不规则的六角形或者五角形。壳弧形式十分特殊，为斜向平行的2条隆线，前一条上端分叉，后一条下端分叉。复眼小，第1触角长。雄性形态特征与长额象鼻溞相似，但后腹部较宽且不下陷。嗜暖性物种，在湖泊、江河以及较小的水域中可见。

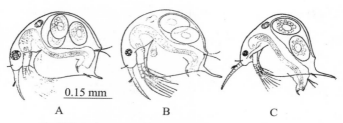

0.15 mm

A   B   C

A. 长额象鼻溞；B. 简弧象鼻溞；C. 脆弱象鼻溞。

图4-16　象鼻溞属代表物种

（引自蒋燮治，1979）

2. 基合溞属（*Bosminopsis*）

有颈沟。壳瓣后腹角不延伸成壳刺，腹缘后端部分列生棘刺，棘刺随成长变短，甚至完全消失。雌体第1触角基端左右愈合，末端部弯曲，嗅毛着生于触角的末端。第2触角内、外肢均3节，刚毛式为0-0-3/1-1-3。雄体第1触角稍微弯曲，左右完全分离，且不与吻愈合，第1胸肢有钩和长鞭毛。本属仅有1种，即颈沟基合溞（*B.deiteris*）。

颈沟基合溞：雌性体呈宽卵圆形，颈沟颇深。壳瓣短，背缘弓起。棘刺前短后长，数目因变异类型不同而异。后背角凸出。后腹角浑圆，且不延伸成壳刺。壳纹不明显，呈六角形。头部很大，约占体长的1/3，壳弧不发达，复眼大。第1触角基端部左右愈合，左右两侧共有2根触毛。第2触角基部有1个小的突起，其上着生1根刚毛。后腹部末端变细，在肛门之前内陷。尾刚毛不长。尾爪粗大，稍弯曲，基部有1个强壮的爪刺。雄性颈沟不显著。壳瓣低，背缘平坦，腹缘列生的棘刺通常比雌性的长，个体成长以后，仍然存在。后腹角比较凸出。第1触角大，不仅基部左右不愈合，而且也不与吻愈合，仍可活动。后腹部细长。嗜暖性物种，河流和湖泊中可见。

六、盘肠溞科

1. 尖额溞属（*Alona*）

雌性身体呈长卵形或近矩形，侧扁。无隆脊。壳瓣后缘较高，其高度通常比最高部分的1/2还大，后腹角一般浑圆。第2触角外肢有3根游泳刚毛；内肢有4根或5根游泳刚毛，如为5根，靠近基部的第1根小。有的种类具刻齿或棘刺。壳面大多有纵纹。爪刺1个。雄性壳瓣的背腹缘平坦，吻短，第1胸肢有壮钩。本属为广温性物种，生活在湖泊、池塘等地区。模式种是矩形尖额溞属（*A. quadrangularis*）。（图4-17）

矩形尖额溞：雌性体长0.60~0.85 mm，体呈长方形。壳瓣背缘弧形，中部最高，后缘高度稍低于壳的最高部分，腹缘平直，列生刚毛。后背角与后腹角均圆钝。壳上有纵纹。头部向前伸。吻部钝。单眼略小于复眼。肠管盘曲近2圈，末部未见盲囊，但在直肠前稍膨大，形状与泥溞的相似。后腹部短而宽，末背角圆，背缘中部稍见宽阔。尾爪基部有1个爪刺。雄性体长0.52~0.56 mm，体呈椭圆形。第1触角前后侧各有1根触毛。第1胸肢有壮钩。暖季常出现，在湖泊沿岸、池塘或水潭可见。

2. 盘肠溞属（*Chydorus*）

体呈圆形或卵圆形，稍微侧扁。头部低。吻长而尖。壳瓣短，长度与高度略等。腹缘浑圆，其后半部大多内褶。第1、第2触角短小，内肢和外肢各分3节，内肢有4根或5根游泳刚毛，外肢仅在末节有3根游泳刚毛，爪刺2个，内侧1个小。肠管末部大多有盲囊。雄体小，吻短，第1触角粗壮，第1胸肢有钩。本属为广温性类群，多分布在水坑、湖泊、水库等沿岸区。模式种类是圆形盘肠溞（*C. sphaericus*）。（图4-17）

（1）圆形盘肠溞（*C.sphaericus*）：雌性体呈圆形或宽椭圆形。壳瓣短而高，背缘弓起，后缘很低，腹缘中部向外凸出。后背角不明显。后腹角浑圆。壳面有网纹，但不明显，呈六角形或多角形网纹。头部低，吻长且尖。单眼大，小于复眼。肠管盘曲1圈半，末部有1个盲囊。尾爪基部有爪刺2个，前面的1个细小。尾刚毛细，但不长。雄性壳瓣背缘弓起，腹缘比背缘更加凸出。吻钝，第1触角粗壮。第1胸肢有壮钩。在各种水体中均可见到，湖泊或水库中数量为最丰富。

（2）卵形盘肠溞（*C.ovalis*）：雌性个体大，身体呈卵圆形。壳瓣背缘拱起，腹缘列生刚毛。壳纹不清晰。头部低。吻长而尖。第1触角较长，超过吻部的1/2，前侧具有2根触毛，比同属别的种类多1根，末端有1束嗅毛。肠管盘曲1圈，末部有1个盲囊。后腹部短而宽。尾爪上通常无栉毛。雄性体较狭长。第1触角粗长，几乎达到吻尖，前侧有数根触毛。第1胸肢有钩。后腹部宽，肛凹部陷入。在浅的水域中比较常见，湖泊或水库中也可见。

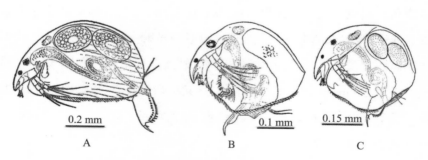

A. 矩形尖额溞；B. 圆形盘肠溞；C. 卵形盘肠溞。

图4-17　尖额溞属和盘肠溞属代表物种

（引自蒋燮治，1979）

七、大眼溞科

大眼溞属（*Polyphemus*）

壳瓣球囊状，覆盖在身体背侧，只能盖住孵育囊而不能包被躯干与胸肢，其大小可随胚胎发育而增长。头部大，其整个后背部完全被颈器遮盖。无单眼，复眼非常大，充满头顶。无壳弧。第1触角小，能动。第2触角相当短小，外肢4节，内肢3节，各有游泳刚毛7根。后腹部很短。肛门位于第4胸肢之后，尾突上着生2根长的尾刚毛。无尾爪。雄体较小，复眼更大，第1触角有1根很长的触毛，第1胸肢有1个钩。模式种为虱形大眼溞（ *P. pediculus* ）。

第四节　枝角类的应用研究

一、用于生态毒理学研究

枝角类长期以来一直被用于毒性实验。目前，枝角类被用于重金属、杀虫剂、增塑剂、微塑料和天然毒素（如蓝藻毒素）等毒理学研究中。枝角类之所以被用于生态毒理学的研究，主要因为其具有如下优点：

（1）个体相对较小：枝角类个体小（毫米级），因此可用于进行微宇宙和中宇宙实验。

（2）繁殖迅速：无幼体阶段，因此世代周期短，在短时间内能获得高丰度种群，产卵量大，幼溞也可以借助显微镜进行观察。

（3）培养简单：实验室条件下，给予适合的温度和光照，投喂常见的单细胞绿藻、酵母即可繁殖，可开展纯种培养工作。

（4）寿命短：适合用于进行死亡率和繁殖率定量测量。

（5）体色透明：用肉眼即可观察内部功能器官变化，适合生理学和形态学研究。

（6）生殖方式特殊：枝角类既营孤雌生殖又营两性生殖。孤雌生殖过程不发生遗传信息重组，适合用于以克隆群体为单位的种群遗传学研究。两性生殖产生休眠卵。生态学家从不同年代的湖泊沉积物中分离出代表当时年代的休眠卵，利用生态学重建方法去研究水域生态系统的演变。

（7）对大多数有毒物质敏感：枝角类对大多数有毒物质敏感，例如重金属和纳米塑料等。

（8）具有重要的生态学意义：枝角类分布广泛，在水生生态系统中捕食低等浮游藻类，同时也作为高营养级的动物如鱼类的食物，在生态系统中起纽带作用。

标准的实验室生物测定包括急性毒性实验和慢性毒性实验。在急性毒性实验中，实验物种、实验种群的年龄和实验时间是需要考虑的主要因素。对于溞属，通常可进行48 h的生物测定。对于裸腹溞属，则持续时间为24 h（因为生命周期短，繁殖快）。慢性毒性实验则考虑行为（如垂直迁移）、摄食和过滤速率、呼吸、躯体生长、种群增长、生命表、生物积累、生化和分子（如酶抑制）等因素。毒理学实验中，溞属、网纹溞属和裸腹溞属是最常用的生物。

裸腹溞虽然与大型溞有许多共同的特点，如种群密度大、种群增长率高、世代周期短、易于在多种藻类和废水中的颗粒有机物上培养等，但通常对于外源胁迫不那么敏感，并且没有厚的甲壳，在进行实验时带来了一些其他问题。对裸腹溞类群作为生态毒理学评价实验生物的作用研究不如水产养殖应用研究那样丰富。秀体溞属成员通常出现在热带水体中，因此将其用于毒理学研究的限制较多。

二、环境监测作用

枝角类常被用于水质生物监测，是不可缺少的指示性动物之一。枝角类对生存的生态环境的要求及其对环境压力的敏感性因种群和物种而异。

枝角类的不同物种对温度、盐度、酸碱度、溶解氧、有机物、农药以及其他有毒物质的耐受程度各不相同。其种类组成因地区、时间而不同，并随水质污染程度而各异。许多学者常以枝角类作为水环境质量检测的指标。

三、饵料作用

枝角类营养价值很高，易于培养。体内含丰富的蛋白质，粗蛋白含量达干重的55%，含有鱼类和其他水生动物所需的必需氨基酸和脂肪酸，还含有丰富的维生素和矿物质。

四、化石作用

枝角类广泛生存于各种水体环境，死亡后遗留的几丁质外壳质地坚硬，难以被微生物分解。表层沉积物中的枝角类化石已被认为是淡水生态系统中有用和可靠的生态指标。在表层沉积物中通常有丰富的枝角类〔典型的是象鼻溞科（Bosminidae）、盘肠溞科（Chydoridae）和溞科（Daphniidae）〕的甲壳、后腹、尾爪和触角部分等，它们已被大量用于研究气候变化对水生生态系统以及水化学条件、湖泊深度、盐度和食物网结构变化的影响。

几丁质丰富和体形大的物种，如盘肠溞和象鼻溞的类群，被发现在沉积物中保存得很好；而外骨骼较薄的物种（如溞属、网纹溞属和低额溞属中的物种）往往代表性不足，因为它们在沉积物中遗留的结构通常由爪和棘组成，不像其他化石材料那么丰富。

在古生态学方面对枝角类的研究落后于其他生态指示物种，如硅藻和摇蚊类。

第五节　淡水枝角类常见实验方法

一、淡水样品采集

对于定性样品，多采用25号（孔径64 μm）浮游生物网采集，也可采用孔径为90～120 μm的浮游生物网进行样品采集，收集网内样品至标本瓶中（50 mL），用5%或者10%的甲醛溶液固定。对于定量样本，多采用13号浮游生物网（125目，孔径112 μm）采集，收集网内样品至标本瓶中（50 mL），加入1～2滴鲁哥氏液保存，带回实验室鉴定及计数。

二、枝角类计数

采用提取计算淡水浮游动物的方法，先计算单位体积水中枝角类的数量，然后在100～200倍放大镜下计数枝角类个体。可采用的计算公式：

$$N = \frac{v \times n}{V \times c} \tag{4-1}$$

式中，v 为过滤后的体积，V 为样品体积，n 为计数框中枝角类的数量，c 为计数框的体积，N 为每升水体枝角类的数量。

三、枝角类分类学观察和种类鉴定

将枝角类个体置于载玻片上，在盖玻片的四角粘上橡皮泥（每块的体积略大于动物体积，可用盖玻片刮取），对挑出的动物个体进行压片，使其不会因为挤压而变形，用25%（体积分数）的稀释甘油填充压片，赶出压片中的气泡，再用透明的指甲油密封，最后置于通风处风干即可。在显微镜下用高倍镜进行观察。

四、淡水枝角类的培养

为了建立实验室纯培养种群，用浮游生物网获得枝角类后，进行种类分离和鉴定。此时用混合藻类，或从生物供应公司购买单一物种藻类培养物，或面包酵母悬浮液饲喂。

以大型溞为例，可在6 L培养容器中培养，加5 L曝气培养基，光暗周期为16 h∶8 h，温度为（20±1）℃。培养基为每升去离子水中加入48 mg NaHCO$_3$、30 mg CaSO$_4$·2H$_2$O、30 mg MgSO$_4$和2 mg KCl，调整pH至7.4，如用面包酵母悬浮液饲喂，每天1次，实验48 h期间不饲喂。

以矩形尖额溞为例，每日用普通小球藻（*Chlorella vulgaris*）为饲料饲养，投喂密度为（0.25～0.5）×10^{6}个/mL。EPA培养基由96 mg NaHCO$_3$、60 mg CaSO$_4$、60 mg MgSO$_4$和4 mg KCl溶解于1 L蒸馏水中制备而成。小球藻采用Bold's基础培养基培养，采用2 L透明玻璃瓶。

五、枝角类毒理学研究

大量的枝角类LC$_{50}$测定都是在幼溞阶段（通常为新生，≤24 h样本）开展的。完成枝角类纯种雌性个体培养后，使用幼溞进行下一步的毒理学实验。根据实验外源条件设置梯度，例如浓度梯度、盐度梯度或者温度梯度等，随后进行24～96 h的观察。死亡个体被定义为在体视显微镜下检查时，没有心跳的个体，或者不动的个体。

示例：

（1）有机污染物对枝角类的急性毒性研究中，实验在25 mL玻璃瓶（烧杯）中进行，设置4个重复，每个重复10只幼溞（雌性个体第3次至第5次产出的幼溞，≤24 h样本），用聚四氟乙烯盖子盖住小瓶后，在

20℃、光暗周期为 16 h∶8 h 条件下孵育。48 h 后记录幼溞死亡率，实验期间不喂食。

（2）重金属污染物对枝角类的急性毒性研究中，实验在 250 mL 的玻璃瓶（烧杯）中进行，每个玻璃瓶含有 10 mL 溶液（对照组和测试组），内有 5 只枝角类幼溞（雌性个体第 3 次至第 5 次产出的幼溞，≤24 h 样本）。设置 4 个重复。每天都测量温度、电导率、pH 等物理和化学变量。48 h 后记录幼溞死亡率，实验期间不喂食。

（3）纳米材料对枝角类的急性毒性研究中，实验在 50 mL 的玻璃瓶（烧杯）中进行，将 5 只幼溞（＜24 h 样本）暴露于不同浓度的单一纳米材料中。每个处理重复 4 次。在处理后 24 h、48 h 和 72 h 记录死亡率，静止不动的幼溞确定为死亡。

六、枝角类的内禀增长率测定

相关参数根据以下公式进行计算：

平均寿命（L）：

$$L=\sum l_x \tag{4-2}$$

净繁殖率（R_0）：

$$R_0=\sum l_x m_x l_x m_x \tag{4-3}$$

世代时间（T）：

$$T=\frac{(\sum l_x m_x)}{R_0} \tag{4-4}$$

式中，x 为龄期，单位为天，l_x 是特定龄期的存活率，m_x 是特定龄期的繁殖量。使用 Euler-Lotka 方程迭代估算种群的内禀增长率（r）：

$$\sum_{x=0}^{n} e^{-rx} l_{x\,mx}=1 \tag{4-5}$$

七、枝角类群落结构特征分析

可参考轮虫部分，见第三章第四节。

思考题

（1）名词解释：头盔、壳弧、腹突、尾爪、颈感器。

（2）描述枝角类的发育过程。

（3）阐述枝角类的消化系统和呼吸系统。

（4）简述枝角类的循环系统和神经系统。

（5）比较枝角类和轮虫生殖过程的区别。

（6）枝角类有哪些应用研究价值？

（7）简述枝角类的样品采集过程和多样性调查方法。

第五章　桡足类

桡足类隶属于节肢动物门（Arthropoda）甲壳纲（Crustacea）桡足亚纲（Copepoda），是一类可以营浮游生活或者寄生生活的动物。体长不超过3 mm，多见于海洋和淡水湖泊中。淡水桡足类比海洋桡足类形态特征简单，个体小，外壳薄，主要是为了适应低盐的淡水环境。已知种类超过14 000种，其中有2 000余种来自淡水。体节因发生愈合，通常不会超过11节。身体由前体部（分为头部和胸部区域）和后体部（腹部）组成。头部有头节，6对附肢，包括第1触角、第2触角，组成口器的大颚、第1小颚、第2小颚和颚足。后体部（胸部）有5个体节，5对胸足，每个体节有1对胸足。腹部有肛节和生殖孔以及尾叉（棒状突起），具有刚毛。

第一节　桡足类外部结构

桡足类的身体窄长，体节分明。一般由16或17个体节组成，但是由于若干体节愈合，实际上体节数目不超过11个。每一体节的主要部分为一硬几丁质的圆筒，在它的前缘有一柔软的环状部分，因而部分硬几丁质的圆筒可以被推进前一体节之内，圆筒的后缘伸出透明的环膜，覆盖或保护后一体节的前方柔软部分。由于柔软部分的存在，尚未愈合的各个体节都有一定程度的可动性。就整体来说，有一个活动程度较大的活动关节，十分显著。这一活动关节，在哲水蚤中，位于第5胸节与生殖节之间，在猛水蚤与剑水蚤中，位于第4与第5胸节之间。这一主要关节的所在位置是区别3个目的基本特征之一。不少研究者通常依此关节把桡足类的身体分成前体部与后体部2部分。哲水蚤的前体部宽而厚，而后体部短而狭，前体部长度大多为后体部的2倍以上。淡水中的猛水蚤的前体部与后体部的分界并不明显，而且这2部分的长度大致相等。剑水蚤的前体部比较低平，明显比后体部宽，后体部亦较狭。除窄腹剑水蚤的后体部长于前体部外，多数种类的前体部略长于后体部。

一、外形

桡足类身体由头胸部和腹部组成，头部与胸部经常愈合为头胸部。头部有6个体节（头节），有触角、颚和颚足等6对附肢。胸部有5个体节，每个胸节有1对胸足，腹部不超过5节。腹部有生殖节、肛节和尾叉。（图5-1）

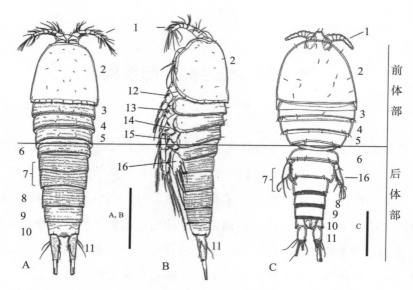

A. 猛水蚤 *Cletocamptus albuquerquensis* 正面（比例尺=200 μm）；

B. *Cletocamptus albuquerquensis* 侧面（比例尺=200 μm）；

C. 猛水蚤 *Delavalia* sp.（比例尺=100 μm）。

1. 第1触角；2. 头胸部；3. 第2胸节；4. 第3胸节；5. 第4胸节；6. 第1腹节（第5胸节）；7. 生殖节（第2腹节和第3腹节）；8. 第4腹节；9. 第5腹节；10. 肛节；11. 尾节；12. 第1胸足；13. 第2胸足；14. 第3胸足；15. 第4胸足；16. 第5胸足。

图5-1 桡足类的一般外部形态

（引自Sua'rez-Morales 等，2020）

1. 头部

头部由6个体节愈合而成，称为头节。在头节的腹面有第1触角、第2触角和组成口器的大颚、第1小颚、第2小颚以及颚足，共6对附肢。颚足又被认为是胸部的附肢。头节前方的突出，称为额角。猛水蚤的额角形式多样，有时作为分类的依据。

2. 胸部

胸部有5个体节（第1胸节至第5胸节），每个胸节有1对胸足。哲水蚤目（Calanoida）的第1胸节通常不与头节愈合，第4与第5胸节通常愈合。猛水蚤与剑水蚤的第1胸节通常与头节愈合，仅极少数种类不愈合。

3. 腹部

包括生殖节在内，腹部不超过5节（生殖节、第2腹节、第3腹节、第4腹节、第5腹节）。哲水蚤雄性腹部为5节，雌性腹部为2～4节。猛水蚤雌性生殖节有时为2节，有时愈合为1节，因此腹部为4节或5节，而雄性腹部为5节。剑水蚤雌性腹部为4节，雄性为5节，腹部具有生殖节，上有1～2个生殖孔。雄性产生精荚，雌性附1～2个卵囊。腹部的最末1节称为肛节，肛节后缘的分叉为尾叉。

二、附肢

附肢结构见图5-2。

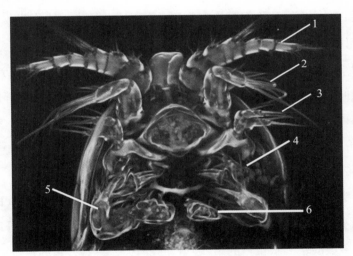

1. 第1触角；2. 第2触角；3. 大颚；4. 第1小颚；5. 第2小颚；6. 颚足。

图5-2 桡足类附肢结构（前体部）

（引自Sua'rez-Morales等，2020）

1. 第1触角

位于头节最前端，1对，为不分支的附肢（单肢型），强大，是主要的游泳器官。第1触角有许多重要的功能，与繁殖、运动和进食有关。第1触角拥有感受器（感觉毛或感觉棒），可以起到区分配偶、猎物和潜在的捕食者的作用。雄性桡足类的第1触角上有一个关节是可以突然弯曲的，用于在交配时抓住雌性。雄性猛水蚤目（Harpacticoida）和剑水蚤目（Cyclopoida）第1触角都为执握肢，而雄性哲水蚤目通常只有右边第1触角是执握肢。

（1）哲水蚤（营浮游生活）的第1触角最长，可分为22～25节。触角长的种类长度可超过尾刚毛的末端。雌性成体第1触角左右对称，且节数相同。雄性成体左第1触角与雌性的完全相同，右第1触角特化成执握肢，分节减少。执握肢的构造是鉴别种类的依据之一。

（2）猛水蚤的第1触角最短，可分为5～9节，通常8节，最短的仅为头节长度的1/5，最长的不超过头节的末端，这与猛水蚤的底栖习性密切相关。雄性成体的第1触角都变为左右对称的1对执握肢，其分节数可与雌性的相同或比雌性的更多。

（3）剑水蚤第1触角的长度介于哲水蚤与猛水蚤之间，可分为6～17节。种类间节数差异较大，可为头节长度的1/3，长者可至头胸部的末端。雌性成体第1触角具有透明膜，膜缘形状不同，可作为分类依据。雄性成体的第1触角都变为左右对称的1对执握肢。

2. 第2触角

位于头节腹面前端，是1对两叉式的附肢（双肢型）。哲水蚤目、猛水蚤目和隐水蚤目（Misophrioida）的第2触角为双肢型，内、外分肢均较发达。而大多数淡水剑水蚤目的第2触角外肢消失，只有残留的痕迹。

淡水哲水蚤第2触角的基肢由基节（coxa）与底节（basis）组成；内肢分2节，外肢多至7节，有发达的羽状刚毛，是桡足类的模式构造。一般猛水蚤第2触角的分节减少，内肢分2节，外肢由1～3节组成。淡水猛水蚤的外肢远比内肢短小，退化趋向十分明显。剑水蚤目第2触角不发达，外肢消失。

3. 大颚

位于头节腹面第2触角的后方，双肢型，是组成口器的主要附肢。基节是一几丁质板，面向口的末端呈锯齿状，称为咀嚼缘。哲水蚤的大颚为桡足类的典型代表，由基节与底节构成的基肢和内、外肢组成。内肢一般分1～2节，外肢分4～8节。猛水蚤的大颚十分特殊，具有高等甲壳动物所具有的活动颚叶。

4. 第1小颚

第1小颚由基肢与内、外肢组成，但是基肢与内、外肢之间没有明显的分节。基肢分4节：第1节有突起，称小叶或者颚基，有助于捕食；第2节为基节，此节具有带长刚毛丛的外突起，称为第1外小叶；第3节或称第1底节，内侧突起；第4节或称第2底节，内缘亦具刚毛。第1小颚形状随种类有异。大多数猛水蚤和剑水蚤的第1小颚十分退化，不能与哲水蚤的相比。

在淡水猛水蚤里，异足猛水蚤属第1小颚退化很多，如隆脊异足猛水蚤的第1小颚除了发达的颚基和退化殆尽的第2基节的外肢节外，第2小颚叶却是截然分明的。但是第3、4基节和内、外分肢完全愈合为一节。通常将整个愈合的末部总称为触须。

5. 第2小颚

位于第1小颚的后方，是口器的另外一对附肢。单肢型，由发达的基肢和几节短小的内肢组成。基肢分2节，内缘突出小叶有5个，内肢短小，一般不超过5节。小叶和刚毛的形状、数目及长度随种类而异。

6. 颚足

颚足与第2小颚的基本构造很相似，单肢型。颚足的基肢为3节，第1节很短，常与体节或发达的第2节愈合而不易观察到，因此也可认为基肢有2节。第2节（基节）在哲水蚤中最强大，第3节亦很显著。内肢分5节，各节的内缘均生羽状刚毛。滤食性种类具有较多刚毛，有些种类刚毛退化。

7. 胸足

胸足通常有5对，上生羽状刚毛，第2～5对胸足上的胸肢用于游泳，通称游泳足。第5胸足随种类的不同有不同程度的改变，雌雄有显著的区别，是鉴定种类的最主要依据。基本结构：基肢2节，内、外肢各3节。通常内肢较短小，外肢的外缘常有短刺。

第二节　桡足类内部结构

桡足类内部结构包括消化系统、循环系统、排泄系统、神经系统、肌肉系统、生殖系统构成。

一、消化系统

桡足类消化系统是一个狭长的管道，包括口、食道、中肠、后肠和肛门。消化道的前部与体壁之间的肌肉伸缩能引起整个消化道由前或向后有节奏地蠕动。

（1）口：位于头部腹面中央，口周围分布着数量不定的唇腺。其功能类似于唾液腺，分泌黏液，在食物进入食道之前与之混合。

（2）食道：狭长，通向中肠，为几丁质结构。

中肠：在头节处稍微膨大，称为"胃"。在第二胸节处，中肠变得狭窄，继续向后延伸。其内具有盲囊。盲囊较宽，向前几乎到达头部。

后肠：肠的最后一段为后肠或直肠。直肠并不发生蠕动现象，为几丁质结构。

肛门：位于尾节末端背面。

二、循环系统

在剑水蚤目与猛水蚤目中均未发现心脏与血管的存在，而是通过消化道和外部附肢的运动而促使血液流动。其中消化道的摆动起着主要作用。

哲水蚤目具有发达的心脏和血管。哲水蚤的心脏位于胸部，为囊状或管状，具有3个心孔，1个在其后面中部，另外2个位于左右两侧（侧口和腹侧口）；在心脏的前面有一不分支的前动脉，血液通过短的前动脉向前输送。

三、排泄系统

桡足类的排泄系统包括1对颚腺或壳腺，为不规则的盘曲状管道。此外，身体的表皮及消化道的后部亦具有一定的排泄作用。猛水蚤目有些物种可利用头胸背侧进行离子交换，进行渗透调节。在幼体阶段，通过触角腺排泄。

四、神经系统

桡足类的神经系统由1个中枢神经的前端膨大部分（脑）组成，通过2个大的食道周围连接物与腹神经索相连。与脑相接连的腹神经索并未超过胸部，进入腹部的神经分支沿着肠道向后伸展。桡足类有多种感觉受体。淡水桡足类有1个简单的眼点，不能形成图像，没有复眼。大多数桡足类有1个额器，额器位于身体最前端，具有一定的感觉作用。

五、肌肉系统

桡足类肌肉系统比较复杂，可以简单地分为下列几种主要肌肉：

（1）纵干肌：是贯通身体前后的纵行肌肉，包括背纵肌与腹纵肌各1对。组成纵肌的每条肌肉在穿过体节时，与体节固着。腹部的肌肉比胸部的肌肉少。

（2）附肢牵引肌：每一附肢都具有几条发达的牵引肌，一端与附肢的基节相连，另一端固着在头胸部的几丁质侧壁上。大颚与第1小颚的牵引肌尤其发达，常固着在头部被甲的几丁质板上。

（3）附肢肌：指附肢本身内部的肌肉。

六、生殖系统

桡足类是雌雄异体，通常营有性生殖。雄性和雌性交配，形成可育的二倍体合子。

雌性生殖系统主要由卵巢、输卵管、子宫等组成。

（1）卵巢：1对或不成对，背对于中肠。

（2）输卵管：有1对输卵管，向前延伸。卵细胞由卵巢排出后，由输卵管进入子宫，在这里生长和积累卵黄。

（3）子宫：可用于生长和积累卵黄。

（4）纳精囊：贮藏由雄性精荚释出的精子，当成熟的卵子离开子宫向下通过输卵管末端时，卵子在此受精，再从生殖孔排出。

（5）生殖孔：剑水蚤目雌性生殖孔多为2个，哲水蚤目和猛水蚤目通常为1个。

雄性生殖系统主要由精巢、精囊和输精管组成。

（1）精巢：位于头胸部的中央，有一细长而弯曲的输精管与其相通。雄性精巢多为单个，长柱形，位于头胸部的中央。

（2）精囊：输精管下部扩张，形成精囊，是贮存精子的地方。

（3）输精管：由贮精囊、精荚囊和射精管组成。输精管后端扩大形成贮精囊，在贮精囊的下面接一更为显著的精荚囊，精荚被包藏在中间。精荚成熟后，通过射精管排出体外，在交配时附着在雌性腹部。输精管内充满精子和分泌物。

第三节　桡足类生殖、生长和发育

雄性一般较瘦小，腹部的节数较多，第1触角或第1右触角变成执握肢。哲水蚤雄性第5胸足左右不对称，而与雌体第5胸足有明显的区别。

镖水蚤交配时，雄体快速用执握肢握住游动着的雌体的尾叉，然后以第5右胸足夹住雌体生殖节，腹部向右侧弯向雄体最末胸节的腹面，与第5右胸足外肢末端的钩状爪相配合，共同抱紧雌体。接着从输精管出来一个一端封闭的长瓶形精荚，在第5左胸足外肢的2个感觉垫的帮助下，精荚慢慢滑行到第5左胸足内、外肢之间的钳中，并以外肢的末端触摸雌体生殖节，把精荚按在雌体生殖孔上。雄体上偶尔也挂着精荚。剑水蚤交配时，2个执握触角抓住雌体后体部（第5胸节的部位），第5胸足夹住雌体生殖节，第5胸足的外肢取下精荚，把2个精荚粘在雌体旁。猛水蚤交配时间较长，雄体执握肢抓住雌体尾叉后，成对游动。

一、产卵

产卵于水中，或携带卵囊。

（1）卵产于水中：哲水蚤目和猛水蚤目通过将卵产于水中的方式繁殖。卵产于水中后在几天内孵化。

（2）携带卵囊：由输卵管后端的腺细胞分泌黏液，形成一个明显的外膜，把排出的卵包围起来，使卵集聚成卵囊（或卵块），悬挂在雌体腹面。雌性腹面可悬挂1或者2个卵囊（或卵块），如剑水蚤可悬挂2个卵囊（或卵块）。卵囊（或卵块）的形状、数目或附着位置常随种而异。

二、休眠与滞育

为了应对不利的环境条件，很多桡足类会进入一个停滞发育的时期，称为滞育。休眠卵（滞育卵）能够长时间休眠，淡水哲水蚤目许多种类可以产生休眠卵。卵库（休眠卵沉降到沉积物中，形成卵库）中休眠卵的平均年龄可能为几十年，有些卵甚至可以存活长达数百年。卵库通常被视为能有效抵抗外界不良环境的避难所。滞育可以在春、夏或秋季开始，触发滞育的环境因素包括拥挤、光周期、温度、食物供应等。滞育的终止可能是由内源性因素、外源性因素（如溶解氧、温度、光照变化或物理干扰）或这些因素的某种组合引起的。

三、生长

非休眠卵从排出到孵化的发育时间通常为 1～5 d。从卵到成虫的发育时间一般为 1～3 周，而成虫的寿命一般为 1 个月至数月。在较低的温度下，发育时间和寿命要长得多。发育时间和寿命也因物种和地点而有很大差异。

桡足类由受精卵孵化成幼体阶段，称为无节幼体。无节幼体首先是 6 个无足动物阶段，其次是 6 个桡足动物阶段，最后是成虫阶段。

无节幼体有 3 对附属物：第 1 触角、第 2 触角和大颚。身体末端有 1 对尾触毛，此时称为第 1 龄。在发育过程中，身体变得更加细长，出现额外的附属物，现有的附属物也变得细长。到第 2 龄，身体末端分叉。第 3 龄出现第 1 小颚的原基，其上具一刺。末端具 2 对尾触毛。第 4 龄的第 1 小颚已发达。第 5 龄出现第 2 小颚，末端的尾触毛增至 3 对。第 6 龄已出现第 1 颚足及前 2 对胸足的原基。6 龄后的无节幼体，随体形的渐次拉长，体节数也相继增加，附肢上的刚毛数增多，发育成桡足幼体。

第 1 桡足幼体分 6 节，即前体部 5 节，后体部 1 节；第 3 胸足的原基出现；尾叉有 5 对刚毛。第 2 桡足幼体分 7 节，即前体部 6 节，后体部 1 节；胸足4对；尾刚毛6对。第3桡足幼体分8节，后体部增至2节；游泳足5对。第4桡足幼体分9节，后体部变为3节。第5桡足幼体分10节，其后体部雄性4节，雌性仍保持3节。最后蜕皮一次，即变为成体。雄性腹部增至5节，雌性出现受精囊，此后一般不再蜕皮。

成熟后，桡足类开始产生配子，并在成熟后的几天内交配并产生可存活的胚胎（卵）。在有利的条件下，一只成年雌性每隔几天就会产下一窝新的卵，一生中会产下几百个卵。

第四节　桡足类的主要代表动物

新的桡足类物种不断被发现，虽然有了现在分子生物学和电镜实验等新的技术，但学者对桡足类的系统分类仍然有争议。除了杯口水蚤目（Poecilostomatoida）是否应包括在剑水蚤目（Cyclopoida）中有争议之外，大多数学者都认可桡足类分为2亚纲和9目。9目分别是杯口水蚤目（Poecilostomatoida）、管口水蚤目〔Siphonostomatoida；或称鱼虱目（Caligoida）〕、平角目（Platycopioida）、异水蚤目（Misophrioida）、摩门水蚤目（Mormonilloida）、哲水蚤目（Calanoida）、猛水蚤目（Harpacticoida）、剑水蚤目（Cyclopoida）和隐水蚤目（Gelyelloida）。目前国内还是分7目，分别是哲水蚤目（Calanoida）、猛水蚤目（Harpacticoida）、剑水蚤目（Cyclopoida）、鲺目（Arguloida）、背卵囊水蚤目（Notodelphyoida）、怪水蚤目（Monstrilloida）、鱼虱目（Caligoida）。

本节将重点介绍分布广泛、数量丰富且主要营自由生活的3目（哲水蚤目、剑水蚤目和猛水蚤目）中的常见类群。各目活体观察图见图5-3，主要特征比较见表5-1。

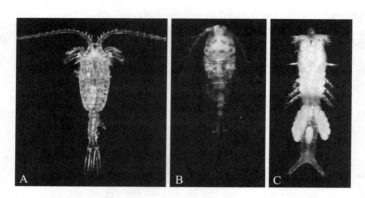

图5-3 哲水蚤目（A）、剑水蚤目（B）、猛水蚤目（C）显微镜下活体观察图
（引自Thorp等, 2015）

表5-1 桡足类哲水蚤目、剑水蚤目和猛水蚤目主要特征比较

	哲水蚤目	剑水蚤目	猛水蚤目
体形	前体部远宽于后体部	前体部远宽于后体部	圆筒形，前体部略宽于后体部
尾叉刚毛数	5根	4根	2根
活动关节	明显，位于胸腹部之间	明显，位于第4、5胸节之间	不明显，位于第4、5胸节之间
卵袋数	多数1个	2个	多数1个
触角	第1触角20~26节，超过体长的1/2。雄性有1个执握肢	第1触角雌性11~17节，不超过体长的1/2，第2触角不能执握。雄性第1触角均为执握肢	第1触角短，雌性不超过9节，雄性不超过14节。雄性左右第1触角均为执握肢
心脏	有	无	无
生活方式	主要营浮游生活	主要营浮游生活	营底栖生活

一、哲水蚤目（Calanoida）

头胸部显著宽于腹部，这两部分之间的连接处是可动的。活动关节位于最末胸节与第1腹节之间。头部和第1胸节、第4和第5胸节有的愈合，有的不愈合。雌性个体的腹部通常分4节，也有分2节或者3节的，雄性腹部常分5节。雌体的生殖节很大，腹面有生殖突起，并有1对生殖孔。雄性个体只有1个生殖孔，位于生殖节的左侧。雌体第5胸足形态与前4对不同，有的退化或甚至全部缺失。雄性第5胸足不对称，常变为辅助交配的器官，夹取精荚放在雌体上。大多数种类有心脏。雄性生殖器官不对称，输精管开口于一侧，其第5胸足左右不对称的结构显然是与此相配合的。哲水蚤目是浮游动物的重要类群之一。我国淡水中发现5科：宽水蚤科（Lemoridae）、胸刺水蚤科（Centropagidae）、伪镖水蚤科（Pseudoiaptomidae）、镖水蚤科（Diaptomidae）和纺锤水蚤科（Acartiidae）。下面介绍哲水蚤目中的代表（常见）种类。

1. 华哲水蚤属（*Sinocalanus*）

头胸部通常窄长。第5胸节的后侧角不扩展，左右对称，其顶端多数有细刺。雌性腹部两侧对称，分4节，有的种类后两腹节的分界不完全。尾叉细长，内缘有细毛。雌性第1触角分25节，雄性执握肢分21节。第2触角分7节，内肢长于外肢。雌性第5胸足的外肢分3节。雄性第5右胸足第1基节的内缘无突起，而第2基节的内缘通常有突出物。左、右足的外肢均分2节。右足第2节的基部膨大，末部呈钩状；左足第2节的末端有一直刺。常见种类有汤匙华哲水蚤（*S. dorri*）。

汤匙华哲水蚤：雌性体长1.44～1.73 mm。体形窄长。头节与第1胸节界限明显。腹部仅3节，生殖节近乎圆形。尾叉窄长，长度约为宽度的6倍。第1触角分25节。第2触角内肢分2节，外肢分7节，内肢显著长于外肢。第5对胸足左右对称。外肢第1节的内基角有一半圆形突起，外缘末部有一刺；第2节的内后缘伸出一粗壮的棘刺。第3节窄长，内缘有4根羽状刚毛，末缘有一粗刺，这根刺的外缘为锯齿状，内缘生1列细毛。内肢的第2节有1根羽状刚毛，第3节有6根羽状刚毛。雄性体长1.30～1.69 mm。腹部5节，第5右胸足第2基节内缘基部伸出突起。外肢2节，第1节的外末角有短刺，第2节基部内侧面有数个突起。内肢分3节，第2节有1根羽状刚毛，第3节有6根长刚毛。属淡水种类，在亚热带和温带的湖泊、池塘和河流中可见。

2. 哲水蚤属（*Calanus*）

第5胸足基节内缘具锯齿，齿数多于16。雄性左足比右足长大。分布广，数量大。常见种类有中华哲水蚤（*C. sinicus*）。

中华哲水蚤：雌性头胸部5或6节，两后侧角各具一小刺。生殖节的长宽约相等，第3节较第2、4节稍大。第1触角的末端约达第3腹节的后缘。第5胸足左右对称，第2基节的外末角有一小刺。雄性腹部分5节。第2触角外肢第1节最大，第7节最小。可见于半咸水或者海水中。

二、猛水蚤目（Harpacticoida）

体形多样，一般身体细长，头胸部没有明显宽于腹部。附着第1胸足的胸节常与头节愈合，第4、5胸节之间有可动关节。雌性个体第1、2腹节部分或完全愈合成生殖节；雄性第1、2腹节则不愈合，第1腹节后末角具一对退化的附肢。尾叉末端一般具2根发达的尾毛。额部突出显著。第1触角一般不超过10节，在雌性第4节通常具一带状感觉毛，在雄性则往往消失。第2触角分3或4节，外肢分1～3节，有时退化仅存一突起。大颚须小。第1、第2小颚退化。颚足形成一执握肢，节数减少。第1胸足经常与其他附肢异形，内肢呈执握状。每对胸足内、外肢各节的刺与刚毛数各种类有异。第5胸足退化，通常分为1～2节，且第5胸足雌性与雄性个体有异。大多数种类带1个卵囊，位于腹面；部分类群具有2个卵囊，位于腹部两侧。无心脏。

输卵管1对。雄性生殖孔有1～2个。

猛水蚤目一般包括叶颚猛水蚤科（Phyllognathopodidae）、大吉猛水蚤科（Tachidiidae）、猛水蚤科（Harpacticidae）、双囊猛水蚤科（Diosaccidae）、阿玛猛水蚤科（Ameiridae）、异足猛水蚤科（Canthocamptidae）、老丰猛水蚤科（Laophontidae）、短角猛水蚤科（Cletodidae）、苗条猛水蚤科（Parastenocaridae）和拟蠕猛水蚤科（Darcythompsoniidae）等30余科，绝大多数在海水中营底栖生活，一部分种类分布于淡水及咸淡水中。下文仅介绍其淡水代表种类有爪猛水蚤（*Onychocamptua mohammed*）。

有爪猛水蚤：雌性体形瘦长，头胸甲各节向后变窄。生殖节较第5胸节和其他腹节宽，由2节组成：第1节较第2节短而窄，后侧角有突出；第2节的后侧角锐而突出，后面相随的第1腹节显著地较生殖节窄。第2腹节的宽度稍大于长度，尾节近方形。第1触角约为头节长度的2/3，共分5节，第3节具一带状感觉毛。第2触角分3节，外肢仅1节，具刚毛4根。雄性额角突出，头节近方形，第3胸节最宽，第5胸节窄小，腹部各节窄小，生殖节与第1腹节的后侧角并不显著突出。第1触角7节，第3节短小，第4节膨大呈球形，具带状感觉毛，末3节短小，呈爪状。第2触角及第1、2胸足与雌性的相似。分布广泛，为广温性种类。

三、剑水蚤目

头胸部显著宽于腹部，呈卵形，头节与第1胸节愈合。雌体腹部第1～2节愈合成生殖节，中部具有纳精囊。尾叉外侧缘及近内缘背面具侧尾毛及背尾毛，末缘具刚毛4根，一般居中的2根较长，基部分节。雄性第1触角对称，与雌性形状有异，呈执握状。两性第2触角为单肢型或具有退化的外肢。寄生及半寄生种类的口器变化很大，而自由生活的种类口器基本上与哲水蚤目的相似。第1～4对胸足的构造相似，第1胸足亦不变化成执握状。第5胸足退化，很小。雄性个体与雌性个体各对胸足的构造几乎完全相同。

一般雄性具第6胸足。无心脏。生殖孔成对，在雌性位于生殖节的两侧或近于背面。卵囊在大部分剑水蚤目物种中均成对。（图5-4、图5-5）

锯缘真剑水蚤（*Eucyclios serrulatus*）：雌性体长0.80～1.12 mm。体形瘦长，头胸部呈卵形，头节与第2胸节连接处最宽，第4胸节的后侧角包围着第5胸节，第5胸节的后末角突出而呈钝圆形，环抱在生殖节前端的两侧。腹部窄长，生殖节的上半部宽，下半部窄。第1触角分12节，末端约抵第2胸节的中部，末3节细长。第1胸足第2基节的内末角具一羽状刚毛，可达内肢第3节的中部。雄性体长0.60～0.80 mm。第4胸节的后侧角向后突出，环抱并超过第5胸节，生殖节的宽度大于长度。为底栖类群，广温性物种，在湖泊沿岸或者流动性的江河中可见。

英勇剑水蚤（*Cyclops strenuus*）：雌性体长1.45～1.93 mm，身体粗壮，头节的后半部最宽，头胸部向后显著趋窄，第4～5胸节的后侧角不如近邻剑水蚤那样宽而锐。生殖节的最宽处宽度大于其长度。第1触角末端不超过第2胸节的中部，共分17节。第1～4胸足内外肢均分3节。第4胸足的连接板上有刚毛状的刺。第5胸足分2节：基节宽，外末角具羽状刚毛1根；末节呈长方形，内缘中部具一刺，基部有细刺，外末角也具细刺，末缘具长羽状刚毛1根。雄性体长1.25～1.33 mm。第4～5胸节的后侧角不像雌性那样突出，第5胸节的后侧角圆钝。生殖节的宽度大于长度。第1触角共分17节，第14～15节之间可以弯曲，末2节呈爪状。在湖泊中可见。

近邻剑水蚤（*Cyclops vicinus*）：雌性体长1.45～1.63 mm。头节的末部最宽，第4胸节的后侧角呈三角形，第5胸节的后侧角甚锐，向两侧突出。生殖节的长度大于宽度，向后逐渐趋窄。第1触角末端约达第2胸节的中部，分17节。第5胸足分2节，基节呈斜方形，外末角突出，具长大的羽状刚毛1根。雄性体长1.20～1.45 mm。第4～5胸节的后侧角并不突出呈三角形，生殖节的宽度大于长度。是湖泊和鱼池中常见的浮游类群。

跨立小剑水蚤（*Microcyclops varicans*）：雌性体长0.69～0.92 mm，头

胸部卵圆形，第4胸节的外末角钝圆，第5胸节短而宽，向两侧突出呈三角形，角顶附一刚毛。生殖节的长度稍大于宽度，前半部稍宽于后半部，后半部呈长圆形。第1触角短小，共分12节。第1～4胸足的内外肢均分2节。第1胸足第2基节的内末角具一长刺，可达到或超过内肢第2节的中部。雄性体长0.38～0.56 mm。第2～3胸节的后侧角突出，第4胸节的后侧角圆钝，第5胸节稍窄于生殖节，生殖节的宽度大于其长度。在河流和湖泊中可见。

广布中剑水蚤（*Mesocyclops leuckarti*）：雌性体长0.85～1.20 mm。头胸部呈卵圆形，头节中部最宽。生殖节瘦长，尾节后缘外侧具细刺。第1触角末端约抵第2胸节的末缘，共分17节，第16节的边缘具锯齿，第17节的除锯齿外，接近末端1/3处具一钩状缺刻。第1胸足第2基节的内末角无羽状刚毛。第4胸足连接板的后缘两端具三角状短齿，末端附2刺，内刺稍短于外刺，两刺均短于节本部。第5胸足分2节：第1节的外末角具一羽状刚毛；第2节窄长，近内缘中部具一长刺，刺显著短于末端的羽状刚毛。雄性体长0.64～0.83 mm。生殖节的长度稍大于宽度，内含长豆形精荚1对。第1触角分15节，第13～14节可以弯曲，末节呈爪状。营浮游生活，暖水性种类，在湖泊和水库中可见。

台湾温剑水蚤（*Thermocyclops taihokuensis*）：雌性体长0.90～1.53 mm。头胸部呈椭圆形，第1～3胸节的后侧角不突出，第4胸节的后侧角稍突出，第5胸节较生殖节稍宽，生殖节前宽后窄。第1触角末端可达第3胸节的中部，共分17节。第1～4胸足内、外肢均分3节。第5胸足分2节。雄性体长0.70～0.75 mm。生殖节的长度约与宽度相当，第4胸足内肢第3节末端内刺的长度较雌性的稍短。在湖泊和池塘中常见，可袭鱼卵和鱼苗。

等刺温剑水蚤（*Thermocyclops kawamurai*）：雌性体长0.94～1.20 mm。各胸节向后较窄，第5胸节较生殖节宽，生殖节的长度与其基部的宽度大致相当。第1触角约到第2胸节末端的1/3，共分17节。第1～4胸足内、外肢均分3节。第4胸足连接板上除2行小刺外，在腹面中部另有1行小刺，刺的数目为17~19个。第4胸足内肢第3节窄长。第5胸足分2节，第1节短而宽，外末角具一刚毛。雄性体长0.70~0.71 mm。生殖节的宽度大于长度。在河流和湖泊中可见。

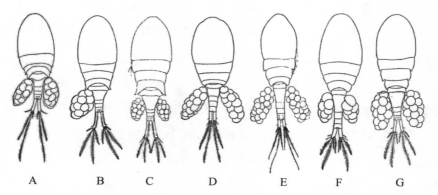

A. 锯缘真剑水蚤；B. 英勇剑水蚤；C. 近邻剑水蚤；D. 跨立小剑水蚤；
E. 广布中剑水蚤；F. 台湾温剑水蚤；G. 等刺温剑水蚤。

图5-4 剑水蚤目（雌性）外部结构图

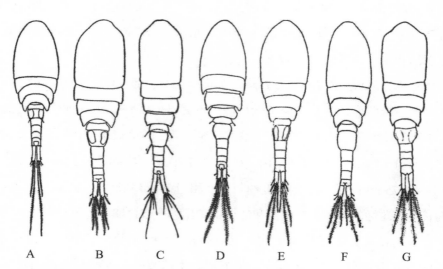

A. 锯缘真剑水蚤；B. 英勇剑水蚤；C. 近邻剑水蚤；D. 跨立小剑水蚤；
E. 广布中剑水蚤；F. 台湾温剑水蚤；G. 等刺温剑水蚤。

图5-5 剑水蚤目（雄性）外部结构图

第五节　桡足类的应用研究

一、用于生态毒理学研究

关于桡足类的毒理学研究，集中在金属、油、纳米颗粒、沉积物、有机物和各种混合物对桡足类的影响。研究的重点包括发育改变、生理变化、死亡、恢复状态、繁殖力抑制、基因表达、种群丰度下降等。桡足类是典型的实验室测试物种，因为其生命周期短，易于培养，适合用于毒理学研究。

桡足类对杀虫剂的敏感度比枝角类的低，有时，在施用杀虫剂后数量反而会增加。用常用杀虫剂（七硫磷、马拉硫磷）和2种常用除草剂（2，4-二氯苯氧乙酸、草甘膦）进行的2组实验显示，在杀虫剂存在的情况下，被测试的枝角类（溞属物种）的死亡率很高，而被测试的桡足类（真宽水蚤属 *Eurytemora* 和剑水蚤属 *Mesocyclops*）没有反应，或者有积极作用；草甘膦对 *Eurytemora* 有负面影响。研究还发现，桡足类在接触淡水中的氯氟氰菊酯以及除草剂阿特拉津和杀虫剂林丹的混合物时，比溞属更敏感。目前淡水桡足类较少用于生态毒理学研究。

二、环境监测作用

桡足类是许多淡水生态系统生物量和生产力的主要组成部分。除了数量上的贡献外，桡足类在水生食物链中占据着重要位置。桡足类具有杂食性特点，在食物网的能量传递中很重要，此外，还具有调节浮游植物和浮游动物生态系统组合结构的潜力。桡足类将其猎物浮游细菌、浮游植物和微型浮游动物等包装成更大的颗粒，从而提高了食物链效率。作为捕食者，桡足类可能会对其猎物的种群数量和结构产生重大影响。桡足类具有显著的进化适应性，可生活在大多数水生生境中，是水生生态系统的关键组成部分，并作为水生动物的内寄生虫或者外寄生虫。桡足类还可以帮助调节全球碳循环，通过追踪其对大气CO_2水平升高的响应，可将其作为自然和人为环境压力源的指标。因此，水生生态系统中桡足类的生物多样性备受关注。

桡足类在淡水生态系统中以寄生和自由生活的形式广泛分布。根据其进食习惯，桡足类在食物链中占据承上启下的位置，以其他浮游动物如轮虫、各种浮游植物为食。此外，它们是鱼类的猎物，可以通过食物链传递有毒物质。哲水蚤目、剑水蚤目和猛水蚤目是营自由生活的桡足类，其中剑水蚤目包含淡水中最大的桡足类即剑水蚤科（Cyclopidae）。桡足类在浮游生态系统中占主导地位，能在短暂的水体中显示出很高的再定殖潜力。除了少数例外，桡足类主要生活在地下栖息地（如地下水），并且表现出对微栖息地（如岩石洞或树干等）的偏好。淡水底栖猛水蚤目主要在有机沉积物中挖洞，其游泳能力差，生活在间隙系统中。淡水底栖剑水蚤目是灵活的底栖动物，通常是相对较大的食草动物、食肉动物和杂食动物，或者是小型的水生杂食动物。综上所述，桡足类与其他浮游动物类群一样，在水生生态系统中的数量丰富，是水生食物网的重要组成部分，可以在环境监测中起到关键作用。

三、其他应用研究

桡足类可能对湖泊中的磷再生有贡献。哲水蚤目和剑水蚤目是明显的选择性捕食者，因此可以通过捕食改变猎物的分布和形态。一些较大的桡足类，如剑水蚤属（Mesocyclops）和大剑水蚤属（Macrocyclops），对蚊子幼虫的捕食率相当高，可以作为如蚊子的重要生物防治剂。

第六节　桡足类常见实验方法

一、样品采集

桡足类的样品采集方法同第四章第五节。

二、桡足类计数

采用计算淡水浮游动物的方法，先计算单位体积水中桡足类的数量，然后在 100～200 倍放大镜下计数桡足类个体。

密度（M）计算公式如下：

$$M=\frac{n}{V_C} \qquad\qquad (5-1)$$

式中，V_C 代表采水体积（L），n 代表计数所得桡足类个数。

三、淡水桡足类的培养

以粗糙棘猛水蚤（*Attheyella crassa*）为例，取1个卵，在装有100 mL淡水的玻璃烧杯中培养，培养物每周用新鲜微型藻类喂养，可以采用月牙藻（*Pseudokirchneriella subcapitata*）和旋转单针藻（*Monoraphidium contortum*），最终密度为 5×10^6 个/mL。瘦猛水蚤（*Bryocamptus zschokkei*）在实验室中用M4培养基培养，每周更换3次，以经Elendt培养基处理的紫叶欧洲山毛榉叶片为食，温度控制在20℃，光暗周期为 16 h：8 h。中华哲水蚤用藻种饲养，培养温度控制在（20±1）℃，光暗周期为 12 h：12 h，使用 f/2 培养液培养。

四、桡足类瞬时生长率和比生长率的计算

瞬时生长率按式（5-2）计算：

$$G = \frac{\ln W - \ln W_i}{t_d} \qquad （5-2）$$

式中，G 为瞬时生长率，W_i 和 W 为时间点 t_d（日）的干重。

比生长率由瞬时生长率计算得到，G 是由式（5-2）得出的瞬时增长率：

$$S_{GR} = （e^G - 1）\times 100 \qquad （5-3）$$

五、桡足类滤水率的计算

滤水率按式（5-4）计算：

$$F = \frac{V}{N} \times \frac{\ln C_t - \ln C_{tf}}{t} \qquad （5-4）$$

式中，F 为滤水率 [mL /（个·h）]，即每只浮游动物单位时间过滤的水量。V 为实验所用培养体积（mL），N 为实验中桡足类数量（个）。C_t 为实验中不添加桡足类的空白对照组饵料终浓度（个/mL）。C_f 为实验中添加桡足类的实验组的饵料终浓度（个/mL）。t 为摄食实验进行的时间（h）。

六、桡足类摄食率的计算

摄食率（I）按式（5-5）计算：

$$I = \frac{V \times （\ln C_t - \ln C_{tf}）\times （\ln C_{tf} - C_0）}{N \times （\ln C_t - \ln C_{tf}）\times t} \qquad （5-5）$$

式中，V 为实验管中海水的体积（mL）；N 为桡足类动物的数量（初始和最终存活个体数量的平均值，个）；C_0 和 C_{tf} 分别为喂食前后的藻类细胞浓度（个/mL）；C_t 为各对照管中最终的藻类浓度（个/mL）；t 为喂食时间（h）。

七、桡足类存活率的计算

存活率按式（5-6）计算：

$$存活率 = \frac{观察到活着的桡足类数量}{初始桡足类数量} \times 100\% \qquad （5-6）$$

八、桡足类孵化成功率的计算

孵化成功率按式（5-7）计算：

$$孵化率 = \frac{初始卵数量 - 卵未孵化数量}{初始卵数量} \times 100\% \qquad （5-7）$$

思考题

（1）名词解释：纳精囊、桡足类前体部、桡足类后体部。

（2）简述桡足类的一般外部形态。

（3）简述桡足类消化系统的特征。

（4）比较桡足类各目的主要特征。

（5）桡足类有哪些应用？

参考文献

陈志刚. 不同生态习性桡足类对两种硅藻生理生化及分子的响应 ［D］. 厦门：厦门大学，2022.

范鑫鹏，潘旭明. 中国盾纤亚纲和咽膜亚纲纤毛虫 ［M］. 北京：科学出版社，2020.

范鑫鹏. 海洋盾纤类及膜口类纤毛虫的多样性 ［D］. 青岛：中国海洋大学，2011.

郝婷婷. 七星河湿地十八种纤毛虫的分类学研究 ［D］. 哈尔滨：哈尔滨师范大学，2023.

黄小娜. 淡水枝角类低额溞属的形态分类和分子系统学研究 ［D］. 上海：华东师范大学，2015.

蒋燮治，堵南山. 中国动物志·节肢动物门甲壳纲淡水枝角类 ［M］. 北京：科学出版社，1979.

金丽文. 上海及周边地区的轮虫研究 ［D］. 上海：上海师范大学，2014.

刘树苗. 四溴双酚A对中华哲水蚤（*Calanus sinicus*）摄食、代谢及抗氧化防御系统的影响 ［D］. 青岛：中国海洋大学，2012.

吕凯. 淡水枝角类耐受微囊藻胁迫的快速适应及其分子机制 ［D］. 南京：南京师范大学，2017.

孟琛. 3种海洋桡足类对UV-B辐射增强的响应研究 ［D］. 青岛：中国海洋大学，2008.

宁应之，刘光龙，党怀，等. 甘肃省甘南高原沼泽湿地冬季纤毛虫群落特征［J］.安徽农业科学.2014：1059-1062.

潘蒙蒙.16种淡水寡膜纲纤毛虫的形态学和系统学研究［D］.哈尔滨：哈尔滨师范大学，2020.

潘旭明.盾纤亚纲与咽膜亚纲（原生动物，纤毛门）中重要类群的多样性与系统学研究［D］.青岛：中国海洋大学，2014.

沈韫芬，章宗涉，龚循矩，等. 微型生物监测新技术［M］.北京：中国建筑工业出版社，1990.

沈韫芬.原生动物学［M］.北京：科学出版社，1999.

施振宁. 三种饵料培育珍珠马甲仔鱼的对比试验［J］.淡水渔业，2004，2：45-46.

史新柏.原生动物中应用的显微技术［J］.生物学报，1963，4：45-49.

宋昌民.渤海和北黄海浮游桡足类摄食率的研究［D］.大连：大连海洋大学，2016.

宋微波，徐奎栋，施心路，等.原生动物学专论［M］.青岛：青岛海洋大学出版社，1999.

宋志珍. 室外轮虫培育池养虾可行性评价［D］.大连：大连海洋大学，2023.

王家楫. 西藏高原部分地区的原生动物［J］.动物学报，1977，23：131-160.

王家楫. 中国淡水轮虫志［M］.北京：科学出版社，1961.

王金秋. 淡水枝角类和轮虫生态及批量培养技术的研究［D］.上海：华东师范大学，2004.

王旭阳.两种桡足类对UV辐射与海洋酸化的生理生态学响应［D］.厦门：厦门大学，2021.

吴利，冯伟松，陈相瑞，等. 五种淡水吸管虫原生动物中国新纪录种的描述［J］. 动物分类学报，2006，2：311-316.

薛泽. 温度、盐度、pH和饵料对两种海洋桡足类摄食和代谢的影响［D］. 青岛：中国海洋大学，2014.

姚顺利，陈瑛，范鑫鹏，等. 松花江四种纤毛虫的形态学研究［J］. 水生生物学报，2019，43：595-605.

曾悦. 中国蛭态轮虫物种多样性初步研究［D］. 厦门：暨南大学，2019.

张清靖，朱华，赵萌，等. 壶状臂尾轮虫高效培养技术［J］. 水产科技情报，2009，36（5）：242-244.

赵文. 水生生物学［M］. 北京：中国农业出版社，2016.

中国科学院中国动物志编辑委员会. 中国动物志·节肢动物门甲壳纲淡水桡足类［M］. 1979.

Ajiboye O O, Yakubu A F, Adams T E, et al. A review of the use of copepods in marine fish larviculture［J］. Reviews in Fish Biology and Fisheries, 2011, 21：225-246.

Brown R, Rundle S, Hutchinson T, et al. A microplate freshwater copepod bioassay for evaluating acute and chronic effects of chemicals［J］. Environmental Toxicology and Chemistry, 2005, 1528-1531.

Camus T, Zeng C, McKinnon A D. Egg production, egg hatching success and population increase of the tropical paracalanid copepod, *Bestiolina similis*（Calanoida：Paracalanidae）fed different microalgal diets［J］. Aquaculture, 2009, 297：169-175.

Chen X, Kim J H, Shazib S U A, et al. Morphology and molecular phylogeny of three heterotrichid species（Ciliophora, Heterotrichea）, including a new species of *Anigsteinia*［J］. Eur. J. Protistol, 2017, 61：278-293.

Chengalath R. The Rotifera of the Canadian Arctic sea ice, with description of a new species [J] . Canadian Journal of Zoology, 1985, 63: 2212-2218.

Chintada B, Ranjan R, Asanaru M B, et al. Effects of salinity on survival, reproductive performance, population growth, and life stage composition in the calanoid copepod *Acartia bilobata* [J] . Aquaculture, 2023, 563: 739025.

Corliss J O. An up-to-date analysis of the systematics of the ciliate genus *Tetrahymena* [J] . J. Protozool, 1969, 16: 6-7.

Corliss J O. The ciliated protozoa: characterization, classification, and guide to the literature [J] . Pergamon, 1979: 1-455.

Corliss J O. The comparative systematics of species comprising the hymenostome ciliate genus *Tetrahymena* [J] . J. Protozool, 1970, 17: 198-209.

Didier P, Wilbert N. Sur un *Cyclidium glaucoma* de la région de Bonn (R. F. A.) [J] . Arch. Protistenkd, 1981, 124: 96-102.

Dragesco J, Dragesco-Kernéis A. Ciliés libres de l'Afrique intertropicale. Introduction à la connaissance et à l'étude des ciliés [J] . Faune Trop, 1986, 26: 1-559.

Edward L P L, Sreeramulu K, Lakshmanan R, et al. Influence of certain environmental parameters on mass production of rotifers: A review [J] . Journal of the Marine Biological Association of India, 2020, 62: 49-53.

Fan X, Al-Farraj S A, Gao F, et al. Morphological reports on two species of *Dexiotricha* (Ciliophora, Scuticociliatia), with a note on the phylogenetic position of the genus [J] . J. Eukaryot. Microbiol, 2014, 64: 680-688.

Fitch W M, Margoliash E. Construction of Phylogenetic Trees: A method base on mutation distances asestimated from cytochromec sequences is of general applicability [J] . Science, 1967, 155: 279-284.

Foissner W. Artenbestand und Struktur der Ciliatenzönose in Alpinen Kleingewässern (Hohe Tauern, Österreich) [J] . Arch. Protistenk, 1980, 123:

99－126.

Foissner W. Colpodea（Ciliophora）［J］. Protozoenfauna. 1993, 4：
1－798.

Foissner W. Colpodide Ciliaten（Protozoa：Ciliophora）aus alpinen Böden
［J］. Zool. Jb. Syst, 1980, 107：391－432.

Foissner W. Methylgrün－Pyronin：Seine eignung zur supravitalen
ubersichtsfärbung von Protozoen, besonders ihrer Protrichocysten［J］.
Mikroskopie, 1979, 35：108－115.

Foissner W. Morphologie und Infraciliatur einiger neuer und wenig bekannter
terrestrischer und limnischer Ciliaten［J］. Sber. Akad. Wiss. Wien., 1989, 196：
173－247.

Foissner W. Morphologie und Taxonomie einiger neuer und wenig bekannter
kinetofragminophorer Ciliaten（Protozoa：Ciliophora）aus alpinen Böden［J］.
Zool. Jb. Syst, 1981, 108：264－297.

Foissner W. Protist diversity and distribution：some basic considerations
［J］. Biodivers and Conserv, 2008, 17：235－242.

Foissner W. Terrestrial and semiterrestrial ciliates（Protozoa, Ciliophora）
from Venezuela and Galápagos［J］. Denisia, 2016, 35：1－914.

Gao F, Strüder－Kypke M, Yi Z, et al. Phylogenetic analysis and taxonomic
distinction of six genera of pathogenic scuticociliates（Protozoa, Ciliophora）
inferred from small－subunit rRNA gene sequences［J］. Int. J. Syst. Evol.
Microbiol., 2012b, 62：246－256.

Gao F., Katz L A, Song W. Insights into the phylogenetic and taxonomy of
philasterid ciliates（Protozoa, Ciliophora, Scuticociliatia）based on analyses of
multiple molecular markers［J］. Mol. Phylogenet. Evol., 2012a, 64：308－317.

Gelei J, Horváth P. Die bewegungs－und reizleitenden Elemente bei

Glaucoma und *Colpidium*, bearbeitet mit der Sublimat—Silbeniethode［J］. Arb. ung. Biol. Forsch.—inst, 1931, 4: 40—58.

Giese A C. *Blepharisma*. The Biology of a Light Sensitive Protozoa［M］. California: Stanford University Press, 1973.

Gong J, Song W. Morphology and infraciliature of a new marine ciliate, *Cinetochilum ovale in*. sp.（Ciliophora: Oligohymenophorea）［J］. Zootaxa, 2008: 51—57.

Hagiwara A, Suga K, Akazawa A et al. Development of rotifer strains with useful traits for rearing fish larvae［J］. Aquaculture, 2007, 268: 44—52.

Hao T, Li B, Song Y, et al. Taxonomy and molecular phylogeny of two new *Blepharisma* species（Ciliophora, Heterotrichea）from Northeastern China［J］. European Journal of Protistology, 2022a, 85, 125908.

Hao T, Song Y, Li B, et al. Morphology and molecular phylogeny of three freshwater scuticociliates, with notes on one new genus and three new species（Protista, Ciliophora, Oligohymenophorea）［J］. European Journal of Protistology, 2022b, 86, 125918.

Harring H K, Myers F J. The rotifer fauna of Wisconsin Ⅱ—a revision of the notommatid rotifers exclusive of Dicranophorinae［J］. Transactions of wisconsin Academy of Sciences, Arts, And Letters 2021, 171: 112692.

He X, Pan Z, Zhang L, et al. Physiological and behavioral responses of the copepod *Temora turbinata* to hypoxia［J］. Marine Pollution Bulletin 171, 2021, 112692.

Hirschfield H I, Isquith I R, Lorenzo A E. Classification, Distribution, and Evolution［M］california: Giese AC, 1973: 304—332.

Hirshfield H I, Isquith I R, Bhandary A V. A proposed organization of the genus *Blepharisma* Perty and description of four new species［J］. J. Protozool,

1965, 12: 130-144.

Hoare C A. Studies on coprozoic ciliates [J] . Parasitology. 1927, 19: 154-222.

Hoshina R, Iwataki M, Imamura N. Chlorella variabilis and *Micractinium reisseri* sp. nov. (Chlorellaceae, Trebouxiophyceae) : Redescription of the endosymbiotic green algae of *Paramecium bursaria* (Peniculia, Oligohymenophorea) in the 120th year [J] . Phycol. Res., 2010, 58: 188-201.

Jankowski A V. Phylum Ciliophora. Review of taxa. In: Protista: Handbook on zoology (ed. Alimov A. F.) [M] . Nauka: St. Petersburg. 2007: 415-993.

Jankowski A W. Commensological sketches. 4. New genera of Chonotricha, Endogemmina symbiotic with Leptostraca [J] . Zool. ZH, 1973b, 52: 15-24.

Jankowski A W. Cytogenetics of *Paramecium putrinum* C. et L., 1858 [J] . Acta Protozool, 1972, 10: 285-394.

Jankowski A W. Proposed classification of *Paramecium* genus Hill, 1752 (Ciliophora) [J] . Zoologicheskii zhurnal, 1969, 48: 30-39.

Jepsen P, van Someren Gréve H, Jørgensen K, et al. Evaluation of high-density tank cultivation of the live-feed cyclopoid copepod *Apocyclops royi* (Lindberg 1940) [J] . Aquaculture, 2020, 533: 736125.

Kahl A. Urtiere oder Protozoa I: Wimpertiere oder Ciliata (Infusoria) . 1. Allgemeiner Teil und Prostomata [J] . Tierwelt Dtl, 1930, 18: 1-180.

Kahl A. Urtiere oder Protozoa I: Wimpertiere oder Ciliata (Infusoria) . 2. Holotricha ausser den im 1 [J] . Teil behandelten Prostomata. Tierwelt Dtl, 1931, 21: 181-398.

Kahl A. Urtiere oder Protozoa. I: Wimpertiere oder Ciliata (Infusoria) [J] . 3. Spirotricha. Tierwelt Dtl, 1932, 25: 399-650.

Kyalo M, Junginger A, Krueger J, et al. Sedimentary ancient DNA of rotifers

reveals responses to 200 years of climate change in two Kenyan crater lakes [J].
Freshwater Biology, 2023, 68: 1894-1916.

Lampitt R, Wishner K, Turley C, et al. 1993. Marine snow studies in the
Northeast Atlantic Ocean: Distribution, composition and role as a food source for
migrating plankton [J]. Marine Biology, 1993, 116: 689-702.

Larsen H F, Nilsson J R. Is Blepharisma hyalinum truly unpigmented? [J]
J. Eukaryot. Microbiol., 1983, 30: 90-97.

Lavrentyev P J, Mccarthy M J, Klarer D M, et al. Estuarine microbial food
web patterns in a lake erie coastal wetland [J]. Microb. Ecol., 2004, 48: 567-
577.

Lee S, Basu S, Tyler C W, et al. Ciliate populations as bio-indicators at deer
island treatment plant [J]. Adv. Environ. Res., 2004, 8: 371-378.

Lemloh M L, Hoos S, GöRtz H D, et al. Isolation of alveolar plates from
coleps hirtus [J]. Eur. J. Protistol., 2013, 49: 62-66.

Li X, Wang X Y, Xu M E, et al. 2020. Progress on the usage of the rotifer
Brachionus plicatilis in marine ecotoxicology: A review [J]. Aquatic Toxicology,
2020, 229: 105678.

Lin D, Xiuqin L , Fang H, et al. Calanoid copepods assemblages in Pearl
River Estuary of China in summer: Relationships between species distribution
and environmental variables [J]. Estuarine Coastal and Shelf Science2011, 93:
259-267.

Liu H, Cheng W, Xiong P, et al. Temporal variation of plankton and
zoobenthos communities in a freshwater reservoir: Structure feature, construction
mechanism, associated symbiosis and environmental response [J]. Ecological
Indicators, 2003, 154, 110774.

Liu M, Li L, Qu Z, et al. Morphological redescription and SSU rDNA-based phylogeny of two freshwater ciliates, *Uronema nigricans* and *Lembadion lucens* (Ciliophora, Oligohymenophorea), with discussion on the taxonomic status of Uronemita sinensis [J]. Acta Protozool., 2017, 56: 17−37.

Liu M, Liu Y, Zhang T, et al. Integrative studies on the taxonomy and molecular phylogeny of four new *Pleuronema* species (Protozoa, Ciliophora, Scuticociliatia) [J]. Mar. Life Sci. Technol., 2022, 4: 179−200.

Lu B R, Ma M Z, Gao F, et al. Morphology and molecular phylogeny of two colepid species from china, Coleps amphacanthus Ehrenberg, 1833 and Levicoleps biwae jejuensis Chen et al. 2016 (Ciliophora, Prostomatida) [J]. Zool. Res., 2016, 37: 10.

Lynn D H, Malcolm J R. A multivariate study of morphometric variation in species of the ciliate genus Colpoda (Ciliophora: Colpodida) [J]. Can. J. Zool., 1983, 61: 307−316.

Lynn D H, Small E B. Phylum Ciliophora Doflein, 1901. In: Lee J.J., Leedale G. G., Bradbury P. C., eds. The Illustrated Guide to the Protozoa. Second ed. Lawrence: Allen Press Inc. 2002: 371−656.

Lynn D H. The ciliated protozoa. Characterization, classification and guide to the literature. Third edition. Springer Press. 2008: 1−605.

Ma H, Choi J K, Song W. An improved silver carbonate impregnation for marine ciliated protozoa [J]. Acta Protozool., 2003, 42: 161−164.

Mack H, Conroy J, Blocksom K, et al. A comparative analysis of zooplankton field collection and sample enumeration methods [J]. Limnology and Oceanography: Methods, 2012, 10, 41−53.

Madoni P. Ciliated protozoan communities and saprobic evaluation of water quality in the hilly zone of some tributaries of the Po River (northern Italy) [J]. Hydrobiologia, 2005, 541: 55−69.

Maskell W. On the freshwater Infusoria of Wellington district［J］. Trans. NZ Inst. 1887, 20: 1-19.

Maupas E. Contribution a l'etude morphologique et anatomique des infusoires ciliés［J］. Archs. Zool. Exp. Gén., 1883, 11: 427-664.

Maupas E. Sur Coleps hirtus（Ehrenberg）［J］. Arch. Zool. Exp. Gén., 1885, 3: 337-367.

Melone G. Rhinoglena frontalis（Rotifera, Monogononta）: A scanning electron microscopic study［J］. Hydrobiologia, 2009: 446-447, 291-296.

Melone G. The rotifer corona by SEM［J］. Hydrobiologia, 1998, 387, 131-134.

Müller O F. Animalcula infusoria fluviatilia et marina, quae detexit［J］. Systematice Descripsit et Ad Vivum Delineari Curavit. 1786: 1-367.

Ning Y, Chang S, Wang H, et al. Community characteristics of ciliates in the plateau swamp wetlands of Gannan, Gansu province in summer［J］. Journal of Northwest Normal University, 2013a, 49: 81-86.

Ning Y, Wang F, Hai-Feng D, et al. Ciliate species diversity and its relationships with environmental factors in plateau swamp wetlands of southern Gansu Province, Northwest China in autumn［J］. J. Ecol., 2013b, 32: 634-640.

Noland L E. A review of the genus Coleps with descriptions of two new species. Trans［J］. Am. Microsc. Soc., 1925, 44: 3-13.

Pan M, Chen Y, Liang C, et al. Taxonomy and molecular phylogeny of three freshwater scuticociliates, with descriptions of one new genus and two new species（Protista, Ciliophora, Oligohymenophorea）［J］. Eur. J. Protistol., 2020, 74: 125644.

Pan M, Wang Y, Yin H, et al. Redescription of a Hymenostome Ciliate, *Tetrahymena setosa*（Protozoa, Ciliophora）Notes on its Molecular Phylogeny［J］. J. Eukaryot. Microbiol., 2019, 66: 413-423.

Pan X, Bourland W A, Song W. Protargol synthesis: an in-house protocol [J]. J. Eukaryot. Microbiol., 2013, 60: 609-614.

Penard E. Études sur les infusoires d'eau douce [J]. Genève: Georg et Cie, 1922.

Pielou E C. An Introduction to Mathematical Ecology [M].New York: wiley, 1969.

Pielou E C. The measurement of diversity in different types of biological collections [J]. Journal of Theoretical Biology, 1996, 13: 131-144.

Pomp R, Wilbert N. Taxonomic and ecological studies of ciliates from Australian saline soils: colpodids and hymenostomate ciliates [J]. Mar. Freshwater Res. 1988, 39: 479-495.

Qu Z, Ma H, Al-Farraj S A, et al. Morphology and molecular phylogeny of *Aegyria foissneri* sp. n. and *Lynchella minuta* sp. n. (Ciliophora, Cyrtophoria) from brackish waters of southern China [J]. Eur. J. Protistol., 2017, 57: 50-60.

Rakshit D, Sarkar S K, Satpathy K K, at al. Diversity and distribution of microzooplankton tintinnid (Ciliata: Protozoa) in the core region of Indian Sundarban Wetland [J]. Clean-Soil Air Water, 2016, 44: 1278-1286.

Relyea, R. The impact of insecticides and herbicides on the biodiversity and productivity of aquatic communities: Response [J]. Ecological Applications, 2006, 16: 2027-2032.

Ricci C, Melone G, 2000. Key to the identification of the genera of Bdelloid Rotifers [J]. Hydrobiologia, 2000, 418: 73-80.

Sarkar A, Kumar S. Loricate ciliate tintinnids in a tropical mangrove wetland. diversity, distribution and impact of climate change [J]. Springerbriefs in Environmental Science, 2015: 1-106.

Schewiakoff W. Organization and taxonomy of Infusoria aspirotricha (*Holotricha auctorum*) [J]. Proc. Imp. Acad. Sci., St. Petersburg. Ser. VIII.

1896, 4: 1-395.

Shao C, Pan X, Jiang J, et al. A redescription of the oxytrichid *Tetmemena pustulata* (Müller, 1786) Eigner, 1999 and notes on morphogenesis in the marine urostylid *Metaurostylopsis salina* Lei et al., 2005 (Ciliophora, Hypotrichia) [J]. Eur. J. Protistol., 2013, 49: 272-282.

Small E B, Lynn D H. An Illustrated Guide to the Protozoa. Society of Protozoologists [M]. Lawrence: Kansas, 1985.

Snell T W, Fields A M, Johnston R K. Antioxidants can extend lifespan of *Brachionus manjavacas* (Rotifera), but only in a few combinations [J]. Biogerontology, 2012, 13: 261-75.

Snell T W, Johnston R K, Matthews A B, et al. Using *Proales similis* (Rotifera) for toxicity assessment in marine waters [J]. Environ Toxicol, 2019, 34: 634-644.

Soleh M, Naryaningsih A, Nur A, et al. Utilization of rotifers as natural feed in the rearing of saline nile tilapia (*Oreochromis niloticus*) larvae [J]. BIO Web of Conferences, 2023, 74.

Sonneborn T M. The *Paramecium aurelia* complex of fourteen sibling species [J]. Trans. Am. Micros. Soc., 1975, 94: 155-178.

Suárez-Morales E, Gutiérrez-Aguirre M A, Gómez S, et al. Chapter 21-Class Copepoda [M]. Amsterdam: Elsevier Znc, 2020.

Takahashi M, Saccò M, Kestel J H, et al. Aquatic environmental DNA: A review of the macro-organismal biomonitoring revolution [J]. Science of The Total Environment, 2023, 873, 162322.

Thackeray S J, Beisner B E. 2024. Chapter 19 – Zooplankton communities: diversity in time and space [M]. in: Jones, I.D., Smol, J.P. (Eds.), Wetzel's Limnology (Fourth Edition). Academic Press, San Diego, 2024.

Thompson J C. *Parauronema virginianum* n. g. n. sp., a marine hymenostome ciliate ［J］. J. Protozool., 1967, 14: 731-734.

Thorp J, Rogers D C, Dimmick W. Introduction to Invertebrates of Inland Waters, 2015: 1-19.

Turesson E, Stiernström S, Minten J, et al. Development and reproduction of the freshwater harpacticoid copepod *Attheyella crassa* for assessing sediment-associated toxicity ［J］. Aquatic toxicology, 2007, 83: 180-189.

Wallace R, Snell T. Rotifera ［M］. New York: Academic Press, 2010.

Wang C. Studies of Protozoa of Nanking ［J］. Contr. Biol. Lab. Sci. Soc. China, 1925, 1: 92-177.

Whittaker R H. Evolution of species diversity in land communities ［J］. Evolutionary biology, 1997, 10: 1-87.

Wilbert N. Eine verbesserte Technik der Protargolimprägnation für Ciliaten ［J］. Mikrokosmos, 1975, 64: 171-179.

Won E J, Han J, Kim D H, et al. Rotifers in Ecotoxicology ［M］. New York: Academic Press, 2017.

Yan F, Zhang S, Liu X, et al. Monitoring spatiotemporal changes of marshes in the Sanjiang Plain, China ［J］. Ecol. Eng., 2017, 104: 184-194.

Yan Y, Fan Y, Chen X, et al. Taxonomy and phylogeny of three heterotrich ciliates（Protozoa, Ciliophora）, with description of a new *Blepharisma* species ［J］. Zool. J. Linn. Soc., 2016, 177: 320-334.

Zuckerkandl E, Pauling L. Evolutionary divergence and convergence in proteins. In: V. Brysem, H. J. Vogeleds. Evolving Genes and Proteins ［M］. New York: Aacademic Press, 1965: 97-166.